Georg Felser

Konsum im Alter

Das höhere Lebensalter und seine
Relevanz für den Verbraucherschutz

Georg Felser
Hochschule Harz
Wernigerode, Deutschland

Gutachten im Auftrag des Bundesministeriums der Justiz und für Verbraucherschutz.

Unter Mitarbeit von Karolin Hohmeyer und Isabell Koch.

OnlinePlus Material zu diesem Buch finden Sie auf
http://www.springer.com/978-3-658-20243-9

ISBN 978-3-658-20242-2   ISBN 978-3-658-20243-9   (eBook)
https://doi.org/10.1007/978-3-658-20243-9

Die Deutsche Nationalbibliothek verzeichnet diese Publikation in der Deutschen National-
bibliografie; detaillierte bibliografische Daten sind im Internet über http://dnb.d-nb.de abrufbar.

Gedruckt auf säurefreiem und chlorfrei gebleichtem Papier

Springer ist Teil von Springer Nature
Die eingetragene Gesellschaft ist Springer Fachmedien Wiesbaden GmbH
Die Anschrift der Gesellschaft ist: Abraham-Lincoln-Str. 46, 65189 Wiesbaden, Germany

Konsum im Alter

Einführung und Zusammenfassung

Die vorliegende Arbeit ist im Auftrag des Bundesministeriums der Justiz und für Verbraucherschutz unter dem Titel: „Konsumverhalten und aktuelle/zukunftsbezogene Bedarfe im Bereich des Verbraucherschutzes von Älteren" entstanden. Der Charakter eines Gutachtens, das auf konkrete Fragestellungen Antwort geben soll, wird daher an einigen Stellen im Folgenden deutlich. Die Leitfragen bei diesem Auftrag waren die folgenden:

- Inwieweit lassen sich für die Zielgruppe der älteren Konsumentinnen und Konsumenten homogene Gruppen bzw. Segmente bilden (Kap. 2)?
- Welche Rolle spielen (medial vermittelte) Altersbilder für das Selbstbild der Betroffenen und wie wirken sich diese auf das Konsumverhalten aus (Kap. 3)?
- Welche für das Konsumverhalten relevanten Veränderungen treten mit dem Alter ein und sind im Bereich des Verbraucherschutzes zu beachten (Kap. 4)?
- Welche Erkenntnisse und Quellen liegen zum Konsumverhalten im höheren Alter vor (Kap. 5)?
- Welche altersspezifischen Vulnerabilitäten bestehen in Bezug auf das Verbraucherverhalten (Kap. 6)?

Die wesentlichen Erkenntnisse aus den jeweiligen Kapiteln lassen sich wie folgt zusammenfassen:

Kapitel 2: Differenzierung und Segmentierung der älteren Zielgruppe. Implizite Segmentierungen geschehen bereits durch willkürliche Altersgrenzen wie etwa die Festlegung des Rentenalters oder Altersgrenzen für Tarife. Solche Altersgrenzen haben sowohl Folgen für das (Konsum-)Verhalten als auch für das Altersbild (sei dies nun ein Selbst- oder ein Fremdbild).

Bedeutendere Alterssegmente ergeben sich aus Lebensereignissen (Berentung, Tod des Partners, Scheidung …), allerdings betreffen diese Ereignisse oft sehr unterschiedliche Lebensalter und gelten zudem nicht für alle Menschen gleichermaßen.

Psychogerontologisch ist die vermutlich bedeutendste Unterscheidung im höheren Lebensalter diejenige zwischen dem dritten und vierten Lebensalter. Der Übergang zwischen diesen beiden Phasen wird dadurch markiert, dass Belastungen des Alters überhand nehmen und kaum noch durch eigene Anpassungen kompensiert werden können. Hier findet also ein qualitativer Sprung in Befindlichkeit und Lebensqualität statt. Der Übergang variiert je nach Person und Kultur. Demographisch liegt er etwa in dem Alter, wo die Hälfte der Personen eines Geburtsjahrgangs, die mindestens das fünfzigste Lebensalter erreicht haben, noch leben. Dies dürfte in Deutschland zurzeit etwa das achtzigste Lebensjahr sein.

Psychographische Zielgruppenmodelle versuchen anstelle von Lebensdaten und demographischen Merkmalen die subjektiven Lebenswelten und Einstellungen zur Grundlage einer Segmentierung zu machen. Viele solcher Segmentierungsvorschläge stammen aus der Marktforschungspraxis. Hervorzuheben sind aus diesen Modellen etwa die Limbic-Types, der Semiometrie-Ansatz und die Sinus-Milieus. Diese Modelle werden auf die Gesamtbevölkerung angewendet. Für die Altersgruppe 50+ zeigen sich Unterschiede in den Einstellungen und Lebenswelten gegenüber der restlichen Bevölkerung. Detaillierte Auswertungen innerhalb der älteren Zielgruppe lassen sich in diesen Ansätzen noch vornehmen.

Kapitel 3: Altersbilder in Selbst- und Fremdwahrnehmung. Altersbilder haben eine Depot-Wirkung: Wenn sie nicht in frühen Lebensjahren zurückgewiesen werden, bleiben sie erhalten und prägen die Art, wie im höheren Erwachsenenalter Erfahrungen gedeutet werden. Dies führt dazu, dass auch negative Altersbilder verinnerlicht werden, wenn man das entsprechende Alter erreicht.

Das bloße Vorhandensein des Altersstereotyps macht bereits Verhaltensweisen wahrscheinlicher, die zum Stereotyp passen. Nachgewiesen sind zum Beispiel Leistungseinbußen in Gedächtnis oder körperlicher Fitness, wenn die jeweiligen Altenstereotype aktiviert werden. Wer daran erinnert wird, dass alte Menschen vergesslich werden, zeigt in der Folge bei passenden Aufgaben ein schlechteres Gedächtnis.

Negative Altersbilder wirken auch langfristig: Wer ein negatives Altersbild hat, sorgt schon als junger Mensch weniger für sein Alter vor und trifft auch als alter Mensch weniger gesundheitsbewußte Entscheidungen. Positive Altersbilder wirken dagegen motivierend und stressreduzierend.

Allerdings gibt es nicht ein einheitliches Altersstereotyp, sondern viele. Altersbilder gelten kontextspezifisch. In der Außen- und Selbstwahrnehmung gilt ein Mensch zum Beispiel im familiären Kontext viel später als „alt" als im beruflichen Kontext. Auch werden negative Altersbilder nicht aktiviert, wenn der entsprechende Kontext nicht passt. Der volle Umfang der tatsächlich wirksamen Altersbilder zeigt sich erst, wenn die dominanten Kontexte „Leistung" und „Gesundheit" verlassen und weitere Zusammenhänge hinzugezogen werden. Medial vermittelte Altersbilder können das Alters-Selbstbild positiv prägen. Dies sollten sie aber – mit Rücksicht auf die zitierte Depot-Wirkung von Altersbildern – bereits jungen Adressaten gegenüber tun. Zudem ist mit einer Auflösung eines bereits bestehenden Stereotyps nur zu rechnen, wenn Gegenbeispiele als normal und typisch, nicht jedoch wenn sie extrem erscheinen.

Generelle Empfehlungen an das Marketing gehen dahin, in Werbung und Produktgestaltung möglichst wenig zu diskriminieren. Dies bedeutet in der Regel, Produkte aus der Perspektive älterer Nutzer zu gestalten, da hier mit einer hohen Akzeptanz auch in jüngeren Nutzergruppen gerechnet wird.

Kapitel 4: Konsumpsychologische relevante Veränderungen im höheren Alter. Als gut gesicherte Erkenntnisse der Alters- und der Konsumforschung können die folgenden Befunde gelten:

- Mit dem Alter lassen Leistungen in der fluiden Intelligenz (z.B. schlußfolgerndes Denken, Geschwindigkeit der Informationsverarbeitung) nach, während wissens- und erfahrungsbasierte Leistungen weitgehend konstant bleiben.
- Im höheren Alter verschlechtert sich die Fähigkeit, irrelevante Informationen auszublenden, was eine erhöhte Ablenkbarkeit zur Folge hat.
- Gedächtnis und Merkfähigkeit werden nur bereichsspezifisch mit dem Alter schwächer. Die Fähigkeit, abstrakte, sinn- und kontextfreie Informationen zu merken, nimmt mit dem Alter ab. Dagegen bleibt die Fähigkeit zur schlußfolgernden und auf den wesentlichen Kern einer Information beschränkten Erinnerung im Alter erhalten. Weitere Beeinträchtigungen des Gedächtnisses im Alter betreffen zum Beispiel die Fähigkeit sich neben einer Information auch ihren Kontext bzw. ihre Quelle zu merken.
- Fähigkeiten in der Emotionsregulation verbessern sich mit dem Alter. Zudem verstärkt sich die Aufmerksamkeit auf positive im Unterschied zu negativen Emotionen.
- Entscheidungsstrategien tendieren im Alter zu stärkeren Berücksichtigung positiver Emotionen, aber auch zur stärkeren Anwendung grober Faustregeln. Zudem wächst mit dem Alter die Bereitschaft zufriedenstellende Optionen zu akzeptieren und bei Entscheidungen nicht mehr nach der bestmöglichen Option zu suchen.
- Mit dem Alter ändern sich auch Bewältigungsstrategien, also der Umgang mit schwierigen Lebensumständen und kritischen Lebensereignissen. Zum Beispiel erhöht sich mit dem Alter die Fähigkeit und Bereitschaft sich angesichts blockierter Ziele neu zu orientieren und flexibel auf Probleme zu reagieren.

Generell müssen alle altersbedingten Veränderungen sehr differenziert betrachtet werden. Zum Beispiel haben ältere Menschen nicht in jederlei Hinsicht ein schlechteres Gedächtnis als jüngere. Alterskorrelierte Veränderungen im Entscheidungsverhalten disponieren nur unter bestimmten Bedingungen zu weniger vorteilhaften Entscheidungen. Etliche altersbedingte Veränderungen etwa im Umgang mit Emotionen oder in der Bereitschaft zur flexiblen Zielanpassung lassen sich überhaupt nicht als Defizit beschreiben.

Gleichwohl deutet aber die Befundlage darauf hin, dass ältere Menschen als Folge normaler altersbedingter Entwicklungen in höherem Grade als jüngere Opfer einer manipulativen Einflußnahme gerade im Bereich von konsumrelevanten Entscheidungen werden können.

Kapitel 5: Konsumverhalten im Alter. Die materielle Lebenssituation in der älteren Bevölkerung erscheint generell als gut. Ängste vor Altersarmut bestehen gleichwohl, allerdings gehen diese für die weitaus meisten Älteren nicht auf die aktuelle finanzielle Situation zurück. Sie beruhen vielmehr auf Sorgen vor der Zukunft, sowie auf der meist irrigen Wahrnehmung, die eigene finanzielle Situation sei die Ausnahme, und anderen gehe es wesentlich schlechter als einem selbst.

Beim Ausgabe-Verhalten in der älteren Bevölkerungsgruppe ist einer der wichtigsten Faktoren die Haushaltsgröße, womit zumeist der Unterschied zwischen Paaren und Alleinlebenden gemeint ist. In den meisten Fällen sind die pro Kopf-Ausgaben für Paare geringer als für allein lebende Personen, allerdings gibt es auch Ausnahmen. Zum Beispiel scheinen ältere Menschen, solange sie in Partnerschaften leben, relativ mobil zu sein, während sich die Mobilität (bzw. die Kosten für diesen Faktor) für allein lebende (verwitwete) Ältere drastisch verringern. Mit dem Alter sinken die Ausgaben in Lebenshaltung, Kleidung und Ernährung. Das Schenken von Vermögen aber auch von Dingen wird mit dem Alter dagegen ein zunehmend wichtiger Posten in den Ausgaben.

Bei Ausgaben zum Reisen zeigt sich ein Anstieg mit der Pensionierung. Generell hängt das Freizeitverhalten aber eher von der Geburtskohorte als vom Lebensalter ab: Menschen machen im Alter das, was sie auch in jüngeren Jahren gern gemacht haben. Danach sind z.B. hohe Reiseintensitäten im höheren Alter oft ein Ausdruck dessen, dass nun Bevölkerungsgruppen mit ohnehin hoher Reiseaffinität ins Rentenalter kommen.

Detaillierte Verbrauchsdaten für die deutsche Gesamtbevölkerung liegen in unterschiedlichen Verbraucherpanels vor (z.B. SOEP, VUMA, best for planning). Die Daten lassen sich spezifisch für bestimmte Altersgruppen und andere demographische sowie psychographische Segmenten und Lebenswelten vornehmen.

Die Nutzung technischer Geräte und digitaler Medien ist für das höhere Erwachsenenalter nicht nur als dauerhafte Teilhabe am gesellschaftlichen Leben und zur Integration in die soziale Umwelt wichtig. Viele Technologien sind gezielt auf das Alter und die Erleichterung des Lebens im Alter gerichtet. Eine Bedingung für Besitz und Nutzung von Technologien ist die Haushaltsgröße. Die Technologienutzung ist deutlich stärker, wenn ältere Menschen nicht allein, vor allem wenn sie mit jüngeren Menschen zusammenleben. Auf Seiten der Person hängen vor allem höhere Fähigkeiten in fluider Intelligenz bzw. ein verzögerter Abbau in diesem Leistungsbereich mit der Technologienutzung zusammen.

Wenn man voraussetzt, dass technische Geräte geeignet sind, altersbedingte Defizite zu kompensieren, kann man die Ergebnisse auch so verstehen, dass gerade diejenigen Personen, die besonders von der Technologie profitieren würden, am wenigsten davon besitzen und nutzen.

Ein Hauptanliegen für die Nutzung digitaler Medien unter älteren Menschen ist die Pflege sozialer Kontakte. Gesundheitsthemen sind ebenfalls bedeutsam. Ältere Menschen mit chronischen Krankheiten nutzen das Internet besonders intensiv – vermutlich auch um gesundheitsbezogene Informationen einzuholen oder auszutauschen. Allerdings dämpfen auch manche Beschwerden die Bereitschaft zur Internetnutzung, Ängstlichkeit und Depressivität gehören dazu.

Insgesamt ist die Nutzung des Internets durch die ältere Zielgruppe noch sichtbar unterdurchschnittlich und es besteht hierin ein Förderbedarf. Neben erwartbaren Hemmnissen gegenüber digitalen Medien (z.B. Angst vor Versagen) besteht eine erstaunlich geringe Erwartung, überhaupt persönlich von der Nutzung digitaler Medien zu profitieren.

Kapitel 6: Altersspezifische Vulnerabilitäten. Aus den bekannten altersspezifischen Entwicklungen und Veränderungen (siehe Kap. 4) lässt sich eine erhöhte Vulnerabilität älterer Konsumenten gegenüber unseriösen Geschäftspraktiken, Manipulation und Betrug theoretisch gut begründen. Allerdings gehen nicht alle nachgewiesenen Risikofaktoren (z.B. Alleinleben, geringe soziale Vernetzung) notwendig mit dem höheren Lebensalter einher, sie könnten unter bestimmten Bedingungen auch Jüngere betreffen.

Mögliche Handlungsfelder und Schutzbedarf gegenüber älteren Verbraucherinnen und Verbrauchern könnte man aus der Beratungspraxis von Verbraucherzentralen und Verbraucherinitiative gewinnen. Detaillierte Statistiken liegen hierzu bislang allerdings nicht vor. Eine Dokumentation der Beratungspraxis bei den Verbraucherzentralen ist im Aufbau – eine altersspezifische Erfassung ist allerdings nicht vorgesehen.

Kriminalstatistiken zeigen eine schwerpunktmäßige Bedrohung älterer Menschen durch Betrugsdelikte, Trickdiebstähle und unseriöse, aggressive Verkaufspraktiken (Kaffeefahrten, Haustürgeschäfte, unseriöser Vertrieb von Gesundheitsprodukten und Gesundheitsdienstleistungen etc.) an. Genaue Daten zu der Prävalenz unterschiedlicher Deliktformen fehlen allerdings.

Inhaltsverzeichnis

Abbildungsverzeichnis

Tabellenverzeichnis

Vorbemerkungen 1

1.1 Methodisches Vorgehen, Ziele und Überblick

Die folgenden Ausführungen beruhen zu ihrem Großteil auf Forschungsergebnisse aus Alterns- und Konsumforschung. Diese wissenschaftliche Sicht soll aber ergänzt werden durch unterschiedliche Perspektiven aus der Praxis. Dies betrifft zum einen Marketing und Marktforschung, zum anderen aber auch den Verbraucherschutz beginnend beim Beratungsbedarf bis hin zu kriminalistisch relevanten Fällen.

Hinter diesen unterschiedlichen Schwerpunkten stehen – wie nicht anders zu erwarten – sehr heterogene Quellen. So sind im Rahmen der Arbeit Gespräche mit unterschiedlichen Fachleuten geführt worden, so etwa von der Verbraucherinitiative, den Verbraucherzentralen, BAGSO oder aber auch von (Markt-) Forschungsinstituten. Transkripte zu einzelnen Gesprächen finden sich in den Anhängen A bis D.

Die Gespräche waren in vieler Hinsicht ergiebig. Zum einen haben sie Hinweise auf weiterführende Literatur und andere Informationen gegeben, die in das Gutachten eingeflossen sind. Zum anderen sind sie aber auch wichtige und anschauliche Erfahrungsberichte von Expertinnen und Experten, die aus sich heraus Beachtung verdienen. Gleichwohl spiegeln sie natürlich oft nur Einzelmeinungen und sind daher kein vollwertiger Ersatz für wissenschaftliche Studien, die häufig genug fehlen. Wenn man den subjektiven Charakter der Einschätzungen im Auge behält, können die Ergebnisse der Gespräche als unterstützende und illustrierende Argumente angeführt und „zitiert" werden.

© Springer Fachmedien Wiesbaden GmbH 2018
G. Felser, *Konsum im Alter*,
https://doi.org/10.1007/978-3-658-20243-9_1

Im Gutachten sollten unter anderem folgende Fragen beantwortet werden:

- Inwieweit lassen sich homogene Segmente in der Gruppe der älteren Konsumentinnen und Konsumenten bilden? Auf diese Frage soll vor allem Kapitel 2 eingehen.
- Welche Rolle spielen Altersbilder in der Gesellschaft, wie beeinflussen sie die Selbstwahrnehmung von älteren Menschen? Diese Frage wird vor allem in Kapitel 3 angesprochen.
- Wie sieht das Konsumverhalten älterer Menschen mit Rücksicht auf ihre jeweiligen Lebenswelten aus? Welche Lebens- und Konsumbereiche werden von welchen älteren Verbraucherinnen und Verbrauchern frequentiert? Hierzu müssen Informationen aus unterschiedlichen Kapiteln zusammengetragen werden. Zudem ist diese Frage im Rahmen des Gutachtens nicht abschließend zu beantworten – hier müssten weitergehende Recherchen angestellt werden. Die Möglichkeiten hierzu werden in den Kapiteln 5.1.3 und 5.1.4 aufgezeigt. Hierbei ist zudem möglich, Lebenswelten zu berücksichtigen – im Sinne einer psychographischen Segmentierung, wie sie in Kapitel 2.2 vorgestellt werden. Hinweise auf Gefährdungen, die sich aus den Lebenswelten älterer Menschen ergeben, enthält Kapitel 6.

Zudem war ein Ziel, Verbraucherzentralen (einschließlich der Verbraucherinitiative) in die Erstellung des Gutachtens einzubeziehen. Dies ist in mehreren Kontakten geschehen (siehe vor allem Anhänge A und D). Erkenntnisse aus diesen Kontakten fließen an unterschiedliche Stellen in das Gutachten ein. Zum Beratungsbedarf und möglichen Lücken in den Erkenntnissen hierzu gibt Kapitel 6.2 Auskunft.

1.2 Zur Eingrenzung der interessierenden Altersgruppe

Auch wenn im Folgenden Fragen der Segmentierung eigentlich noch beantwortet werden sollen, fragt sich natürlich, wo bei der Zusammenstellung der Befunde und Argumente selbst die Altersgrenzen gelegen haben. Es gibt eine Reihe von möglichen Altersgrenzen und „impliziten" Segmentierungen, die durch bestimmte Praktiken entstehen, etwa der, dass in Marketing und Marktforschung für die ältere Zielgruppe vom Altersbereich 50+ ausgegangen wird, oder dass bestimmte Regelungen im Konsumbereich für Menschen ab 50, 65 oder 70 gelten (z.B. wenn Reiseveranstalter ihre Rabatte ab einem Alter von 50 Jahren gewähren oder wenn Sonderkonditionen für das Bankkonto ab dem 60. Geburtstag gelten, siehe hierzu Exkurs 1). Gute Gründe werden dafür selten genannt, trotzdem schaffen diese Regelungen reale Altersunterschiede, indem sie Umwelten gestalten. Hier bietet es sich jedenfalls aus mindestens zwei Gründen an, die Betrachtung beim 50ten Lebensjahr, also mit dem Altersbereich 50+ beginnen zu lassen. Zum einen ist dies die explizite, wenn auch willkürliche Altersgrenze in den meisten Modellen der Marktforschung (z.b. Sinus, Kantar TNS; siehe unten 2.2.1 und 2.2.2), aber auch in großen Datenerhebungen wie der Health und Retirement Study (siehe 5.1.2). Zum anderen ist diese Grenze hinreichend konservativ und schließt keinen möglicherweise interessanten Altersbereich von vornherein aus.

Eine andere Art von impliziter Segmentierung besteht darin, dass bestimmte Erkenntnisse über ältere Menschen, auch wenn sie aus wissenschaftlichen Quellen stammen, oft nur an bestimmten Altersgruppen gewonnen wurden. Somit ist es immer noch möglich, dass diese Erkenntnisse nicht das Alter pauschal, sondern eben ein bestimmtes Alter betreffen. Dies ist – wie gesagt – nicht immer offensichtlich, sondern nur „implizit". Um dies deutlich zu machen, bemüht sich das Gutachten, wo immer möglich die genauen Altersbereiche anzugeben, für die die jeweiligen Kenntnisse gewonnen werden. Beispielsweise wird im folgenden häufiger die Generali Altersstudie 2017 zitiert (Generali Deutschland AG, 2017a): Diese umfangreiche soziologische Studie wurde im Altersbereich 65 bis 85 Jahren erhoben. Die selbst gesetzte Altersgrenze von 85 Jahren wird damit begründet, dass ab diesem Alter die Erreichbarkeit von Studienteilnehmern und damit die erwartbare Datenqualität deutlich herabgesetzt ist (S. 342).

Die psychogerontologische Forschung legt besonders nahe, zwischen dem sogenannten dritten und dem vierten Lebensalter zu unterscheiden (Baltes & Smith, 2003; siehe unten 2.1.2). Der Übergang zum vierten Lebensalter markiert einen Punkt, an dem viele der positiven Aspekte des höheren Lebensalters entfallen oder an Gewicht verlieren und negative Aspekte überhand nehmen. Aus diesem Blickwinkel heraus müssten viele Befunde der Alterns- und Konsumforschung im Bereich dieses Übergangs noch differenziert werden.

Als Faustregel kann man für westliche und nordeuropäische Populationen diesen Übergang um das achtzigste Lebensjahr erwarten (näheres hierzu in 2.1.2). Die im Folgenden berichteten Befunde, insbesondere die wenigen experimentellen Daten sind in den wenigsten Fällen an Stichproben gewonnen worden, die im Durchschnitt über 80 Jahre alt waren.

Ein generelles Problem altersbezogener Erkenntnisse ist, dass sich darin häufig Effekte des jeweiligen Jahrgangs (sog. Kohorteneffekte) nicht von den tatsächlichen Effekten des Alters trennen lassen. Hierzu sind in der Regel quersequentielle Analyseansätze erforderlich, die Quer- mit Längsschnittdaten kombinieren, die aber allein wegen ihres Aufwandes nur selten vorliegen. Dieses Problem muss im Folgenden stets bedacht werden, auch wenn nur an ausgewählten Stellen eigens darauf hingewiesen wird.

Differenzierung und Segmentierung der älteren Zielgruppe

2

Ein zentrales Anliegen des Gutachtens ist, Vorschläge zu einer Segmentierung der älteren Zielgruppe zu machen. Hierzu werden unterschiedliche Perspektiven diskutiert: Zum einen willkürliche, aber allem Vermuten nach trotzdem wirksame Segmentierungen, zum andern Segmentierungsansätze aus der Marktforschungspraxis und zum dritten Unterscheidungsmerkmale aus der psychogerontologischen Forschung.

2.1 Segmentierungs-Ansätze nach Lebensalter

2.1.1 Willkürliche Altersgrenzen und Lebensereignisse

Im Erwerbsleben gelten 50-Jährige bereits als ältere Arbeitnehmer, die Seniorenangebote bei der Deutschen Bahn setzen ab dem Alter von 60 Jahren ein, in manchen europäischen Ländern wird ab dem Alter von 70 eine regelmäßige Fahreignungsprüfung verlangt (Williger & Lang, 2013, S. 41). Die Kriterien für solche Einteilungen scheinen willkürlich. Dies zeigt sich nicht zuletzt in ihrer relativ großen Variationsbreite, wie sie im Exkurs 1 beispielhaft dokumentiert wird.

Exkurs 1: Altersgrenzen im öffentlichen Leben – Beispiele
Wann sind Senioren wirklich Senioren? Und wann können sie dies zu ihrem finanziellen Vorteil nutzen? Diese Frage lässt sich schnell mit den Lebensjahren 50, 55, 60, 62, 65, 66 und 67 beantworten. Und wie man sieht, ist die Antwort nicht so eindeutig, wie man es bei der Frage erwarten würde.
Viele Einrichtungen bieten enorme Vergünstigungen für Senioren bzw. Seniorenrabatte an. Ermäßigungen für Senioren werden zum Beispiel von Theatern, Bibliotheken, Schwimmbädern, Kinos und Zoologischen Gärten angeboten. „Ob Senioren Vergünstigungen bekommen und wie diese aussehen, wird häufig auf kommunaler Ebene entschieden",

© Springer Fachmedien Wiesbaden GmbH 2018
G. Felser, *Konsum im Alter*,
https://doi.org/10.1007/978-3-658-20243-9_2

sagt Ursula Lenz von der Bundesarbeitsgemeinschaft der Senioren-Organisationen (BAGSO) in Bonn.

Dadurch ergeben sich in den Bundesländern unterschiedliche Regelungen: So erhalten Senioren im Rhein-Ruhr Kreis das „Bärenticket – vorteilhafte Aboticket für Aktive ab 60", um zwischen Rhein, Ruhe und Wupper die Region zu erkunden. Wie der Name des Tickets schon suggeriert, können Personen ab 60 Jahren dieses Ticket nutzen. Gleiches gilt für das „Schöne60Ticket NRW".

Senioren in Sachsen-Anhalt kommen in diesen finanziellen Genuss erst fünf Jahre später. So bietet der Mitteldeutsche Verkehrsverbund, der die Region Leipzig und Umgebung abdeckt, das „Abo Senior" erst ab dem 65. Lebensjahr an. An dieser Stelle ist die willkürliche Vergabe von Vergünstigungen für Senioren im öffentlichen Nahverkehr exemplarisch gezeigt.

Diese Unklarheit zeigt sich auch in anderen Bereichen des Lebens. Beim alljährlichen Mittelalterfest „Mittelalterlich Phantasie Spectaculum" in Telgte erhalten Senioren ab 55 Jahren Rabatte auf den Eintrittspreis. Laut telgte.de ist am Familientag (Sonntag) für Senioren ab 66 Jahren der Eintritt frei. Auch das Finanzamt gibt Seniorenrabatt: Senioren, die in einer Seniorenresidenz oder in einem Altenwohnheim leben, haben die Möglichkeit, einen Steuerrabatt für Haushaltsnahe Dienstleistungen in ihrer Steuererklärung geltend zu machen und damit bis zu 600 Euro im Jahr zu sparen.

Mit unversiegbaren Rabattarten lockt die Tourismusindustrie Senioren. Gut verfolgen lässt sich dies am Beispiel des Klassenersten der Branche TUI. Allein in der Wintersaison 2012/ 2013 wurde das Angebot der Seniorenermäßigungen um 36 Prozent erweitert. Da jeder Anbieter, ob Hotelkette, Flugunternehmen oder Veranstalter, seine eigenen Rabattregeln selbst festlegt, fallen Vergleiche schwer.

Am eindeutigsten wird die Willkür bei den Reiseveranstaltern. Beim Kölner Veranstalter ITS Reisen kann der Seniorenrabatt bereits ab dem 50. Geburtstag in Anspruch genommen werden. Je nach Hotel kann bei ITS allerdings das vorgeschriebene Alter dann auf 55, 60 oder gar 65 Jahre steigen. Auch beim Münchner Konkurrenten FTI Touristik gibt es kein einheitliches Rabattalter. Im Ägypten-Katalog startet die Altersgrenze beispielsweise bei 55 Jahren, im Türkei-Katalog hingegen bei 60 Jahren.

Die Kölner Bank ermöglicht es Menschen über 60 Jahren ein „Seniorenkonto" zu eröffnen. So können Senioren neben den Leistungen eines normalen Girokontos einen Bargeldnach-Hause-Service nutzen: Einmal im Monat bringt die Bank Beträge bis zu 1.000 Euro ins Haus. Für diesen Service hat die Kölner Bank das Qualitätssiegel der Bundesarbeitsgemeinschaft der Seniorenorganisationen e. V. (BAGSO) bekommen. Dieses Zertifikat bekommen nur Firmen und Dienstleistungen, die von der BAGSO befragt, verdeckt getestet und für gut befunden wurden.

Quelle: http://www.planetsenior.de/spartipps_fuer_senioren/; Institut für Demoskopie Allensbach (2013). Generali Altersstudie 2013. www.generali-altersstudie.de. Zugegriffen: 09.11.2016
Isabell Koch

Allerdings schaffen willkürliche Altersgrenzen eine Realität, die ihrerseits das Konsumverhalten im Alter auf mindestens zwei Weisen beeinflusst: Den einen Mechanismus kann man mit folgender Überlegung illustrieren: Wenn ab einem bestimmten Alter bestimmte Dinge nur noch die Hälfte kosten und wenn ab einem bestimmten Alter das Ausmaß an Freizeit in Folge der Verrentung beträchtlich wächst, dann erhöhen sich damit natürlich auch die Möglichkeit zu entsprechenden Konsumhandlungen (z.B. Reisen). Damit sind willkürliche Altersgrenzen, auch wenn sie über Befindlichkeiten und Bedürfnisse der jeweiligen Altersgruppe nur wenig aussagen, für die Frage nach dem Konsum im Alter eben doch relevant. Auch sie könnten somit ein Kriterium bei der Segmentierung der älteren Zielgruppe sein. Freilich bilden sie ein Kriterium, das oft nur sehr produktspezifisch gilt und das auch durch politische Entscheidungen (z.B. beim Rentenalter oder bei der Forderung nach Fahreignungstests) wieder verändert werden kann.

Zudem ist zu fragen, ob die wirtschaftlichen Folgen willkürlicher Altersgrenzen tatsächlich das erwartbare Ausmaß haben: Ob Senioren-Rabatte tatsächlich genutzt werden, muss im Einzelfall gezeigt werden. Die Ausgaben für Reisen jedenfalls steigen mit dem Alter eher nicht im selben Ausmaß, wie die verfügbare Freizeit zunimmt (z.B. Hurd & Rohwedder, 2010).

Der zweite Mechanismus, über den willkürliche Altersgrenzen das Konsumverhalten beeinflussen, ist subtiler und soll uns an anderer Stelle noch ausführlicher beschäftigen (Kapitel 3): Altersgrenzen kommunizieren den Betroffenen wie Außenstehenden, wann jemand als „alt", „Senior" oder „Best Ager" gilt. Sie bilden ein Kriterium für die Anwendung entsprechender Konzepte und suggerieren möglicherweise, dass es über die willkürliche Altersgrenze hinaus weitere weniger willkürliche Kriterien gibt, nach denen jemand als alt gilt. Sie sind also ein Teil des Altersbildes, das durch Medien und Umwelt vermittelt wird, und dieses Altersbild wirkt sich auf das Verhalten aus (siehe vor allem Kapitel 3).

Offensichtlicher als bei Rabatten und Vergünstigungen werden solche Wirkungen vielleicht eher noch in Fällen von Altersdiskriminierung. Dann sorgen sie für Ärger und Empörung – zumindest bei den Betroffenen. In Gruppendiskussion der Verbraucherzentrale Nordrhein-Westfalen (2005, S. 44) beklagten sich die befragten Senioren etwa über die folgenden Punkte:

- Diskussionen über eine Führerscheinabgabe im Alter von 70 Jahren,
- eine allgemein diskriminierende, herablassende Behandlung älterer Menschen in der Öffentlichkeit,
- Werbung, die sich immer nur an junge Menschen richte, besonders ältere Frauen fände man dort kaum abgebildet,
- Schöffen dürften maximal 70 Jahre alt sein,
- das Amt als Wahlamtsleiter könne nur bis zum 70. Lebensjahr ausgeübt werden,
- ab 75 Jahren gebe es keinen Leihwagen mehr,

- ab einem Alter von 65 bzw. 70 Jahren gebe es keine Reisekrankenversicherung/Zusatzversicherung mehr,
- alle Versicherungen würden im Alter sehr teuer,
- einige Einrichtungen des Betreuten Wohnens akzeptierten keine neuen Bewohner, die älter als 85 Jahre seien.

Auch hier zeigen sich zum Teil willkürliche Altersgrenzen, die ohne Frage Verhaltenskonsequenzen haben.

Dabei darf nicht ignoriert werden, dass gerade die Diskussion über die Verschiebung des Rentenalters sowie die bereits vollzogenen Verschiebungen die vermeintliche Klarheit einer der wichtigsten Altersgrenzen zur Segmentierung verwischen und aufweichen. In Kombination mit einem Altersstereotyp, dem zufolge Arbeitnehmer zu Beginn ihres Ruhestandes die besten Jahre noch vor sich haben, entstehen im Umfeld dieses Übergangs doch eher heterogene Altersbilder (Kornadt & Rothermund, 2011).

Hinzu kommt, dass Altersbilder und Altersstereotype bereichs- und kontextspezifisch zu verstehen sind (siehe hierzu auch Kapitel 3): In der Außen- und Selbstwahrnehmung gilt ein Mensch zum Beispiel im familiären Kontext viel später als „alt" als im beruflichen Kontext. Kornadt und Rothermund (2011, S. 293) berichten hier wahrgenommene Altersgrenzen von 70 vs. 57 Jahren. In diesem Zusammenhang ist vielleicht interessant zu erwähnen, dass solche subjektiven Altersgrenzen zwar zwischen verschiedenen Personen überraschend hoch übereinstimmen, dass sie aber gleichwohl nur auf Nachfragen genannt werden. In der spontanen und frei formulierten Rekonstruktion der eigenen Lebensgeschichte spielen solche scheinbar markanten Grenzen und Übergänge eine erstaunlich geringe Rolle (Kornadt & Rothermund, 2011).

Markant sind äußere Ereignisse jedenfalls, wenn sie Neuorientierungen in Lebensweise und Zielen erfordern oder Veränderungen der Einkommenssituation mit sich bringen. Nach diesem Kriterium sind Ereignisse wie der Auszug der Kinder aus dem Haushalt, die Aufgabe des Berufs und der Tod des Ehepartners sicherlich bedeutende äußere Ereignisse, die eine Segmentierung rechtfertigen. Sie haben zudem den Vorteil, dass sie als weitgehend „normative" Ereignisse gelten können, indem sie sehr viele Biographien betreffen. Gerade in Bezug auf den Konsum ist etwa die Haushaltsgröße – und das bedeutet im höheren Lebensalter in der Regel den Unterschied zwischen Paaren und Alleinlebenden – ein entscheidendes Kriterium (Hurd & Rohwedder, 2010).

Schwierigkeiten ergeben sich natürlich dadurch, dass Menschen in sehr unterschiedlichem Lebensalter von den genannten Ereignissen betroffen werden. Hinzu kommen auch nicht-normative Ereignisse, die sich gleichwohl in jüngerer

Vergangenheit stark häufen. Als geradezu rasant kann etwa der Anstieg später Scheidungen, also von Trennungen nach langjähriger Ehe bezeichnet werden (Fooken & Lind, 1997; Lind, 2001). Die Webseite lebensfreude50.de zitiert in einem Beitrag vom März 2012 Studien, denen zufolge „der Anteil der Ehescheidungen nach der Silberhochzeit im Vergleich zu 2001 von 9,4 auf mittlerweile 20 Prozent zu [steuert]." (http://www.lebensfreude50.de/blog/trennung-im-alter/; Abruf 18.11.2016).

Gründe für diese Entwicklung liegen vermutlich in veränderten Werthaltungen, die bestimmte Jahrgänge und Generationen geprägt haben. Eine große Rolle dürften aber auch die gestiegene Lebenserwartung und die damit erhöhte subjektive Restlebenszeit spielen. Diese machen für Ehepartner alternative Lebensentwürfe – etwa mit einem anderen Partner oder als Single – hinreichend attraktiv, um den Schritt der Trennung zu wagen. Die oben zitierte Webseite http://www.lebensfreude50.de/ enthält daher auch gezielt eine Partnerbörse für Menschen im höheren Lebensalter – in der ausdrücklichen Erwartung, dass ein Großteil der Partnersuchenden nicht etwa verwitwet, sondern geschieden sein dürfte.

Die rechtlichen und finanziellen Folgen einer Scheidung unterscheiden sich deutlich von der Verwitwung (z.B. https://www.welt.de/finanzen/verbraucher/article134807534/Die-Scheidung-im-Alter-kann-beide-ruinieren.html; Abruf 18.11.2016). Daher scheint es nicht gerechtfertigt, geschiedene Singles einem ähnlichen Segment zuzuordnen wie verwitwete. Insofern wäre also als weiterer denkbarer und für die Segmentierung relevanter Übergang die Scheidung zu den genannten Markern (Auszug der Kinder, Aufgabe des Berufs und Tod des Ehepartners) hinzuzufügen – auch wenn dieser nicht als normativ bezeichnet werden kann.

Resümierend kann man feststellen, dass willkürliche Altersgrenzen in Ansätzen bereits relevante Segmentierungskriterien bieten, indem sie die Umwelt gestalten und sich auf Lebensweise und Konsum auswirken. Stärkere Auswirkungen dürften freilich alterskorrelierte Lebensereignisse haben. Allerdings sind diese Ereignisse heterogen. Sie eignen sich umso besser zur Segmentierung, je mehr Menschen sie betreffen.

2.1.2 Psychogerontologisch begründete Altersgrenzen: Das dritte und vierte Lebensalter

Die psychogerontologische Forschung legt zur Segmentierung eher gesundheits- und verhaltensbezogene Maßstäbe an und unterscheidet auf dieser Grundlage – grob vereinfacht – das dritte und das vierte Lebensalter (Baltes & Smith, 2003).

Der Beginn dieser jeweiligen Lebensalter ist dynamisch zu verstehen. So kann man den Beginn des vierten Lebensalters auf Populationsebene definieren als dasjenige Lebensalter, bei dem 50 Prozent einer Geburtskohorte verstorben sind.

Diese Bestimmung ist allerdings in mehrfacher Hinsicht ungenau. Hierzu muss man sich vor Augen führen, dass das Ziel der Unterscheidung ist, qualitative Sprünge in Lebensführung, Befindlichkeit und Lebensqualität zu markieren. Dieser qualitative Sprung vollzieht sich für unterschiedliche Personen tatsächlich zu unterschiedlichen Zeitpunkten und wäre sicherlich am besten individuell zu bestimmen. Allerdings kann man das oben angeführte Kriterium auf Populationsebene deutlich präzisieren, wenn man die 50 Prozent „Überlebenden" nicht auf die Geburtskohorte bezieht, sondern hierzu nur Personen betrachtet, die zuvor schon mindestens das fünfzigste Lebensjahr erreicht haben (Baltes & Smith, 2003).

Offensichtlich erreichen Menschen das vierte Lebensalter nach diesem Kriterium je nach historischer Zeit und je nach Kultur in unterschiedlichem Alter. In westlichen Kulturen dürfte der Übergang mittlerweile jenseits eines Alters von 80 Jahren liegen.

Allerdings ist – wie gesagt – der Übergang vom dritten ins vierte Lebensalter eher an die Befindlichkeit und Lebensqualität gebunden und nicht an ein chronologisches Alter. Er markiert im Grunde den Punkt im Leben, in dem Belastungen, Einbußen und Nachteile im Alter überwiegen und nur noch schlecht kompensiert werden können. Danach ist das vierte Lebensalter charakterisiert durch

- gravierende kognitive Einbußen (z.B. Gedächtnis, Lernfähigkeit),
- merklichen Abfall in der Lebenszufriedenheit und positiven Emotionen,
- zunehmend erlebte Einsamkeit,
- deutlich erhöhte Wahrscheinlichkeit, an Demenz zu erkranken
  (zusammenfassend siehe Baltes & Smith, 2003).

Die beobachtbaren Beeinträchtigungen des vierten Lebensalters müssen keineswegs Teil eines sich ankündigenden Sterbeprozesses sein. Sie ergeben sich bereits aus normalen Erscheinungen des Alterns, daher betonen Baltes und Smith (2003, S. 125) auch: „Morbidity and mortality are two related but conceptually independent constructs."

Die Unterscheidung der beiden Lebensalter ist eines der Ergebnisse der Berliner Altersstudie (Mayer & Baltes, 1996). Diese Forschungen haben gleichzeitig sehr hohe Potentiale für das dritte Lebensalter, für die „jungen Alten", aufgezeigt, so etwa:

- hohe Gestaltungsmöglichkeiten und Formbarkeit in physischer und geistiger Leistungsfähigkeit,
- Zunahme körperlicher und geistiger Fitness für nachfolgende Geburtskohorten,
- Stabilität von Lebenszufriedenheit auf hohem Niveau,
- hohe Fähigkeiten der Emotionsregulation, der „emotionalen Intelligenz" und Weisheit,
- hohe Wirksamkeit persönlicher Strategien zur Bewältigung von Verlusten und Einbußen im höheren Alter.

Baltes und Smith (2003) betonen in ihrer Interpretation der Daten die Rolle von Politik, Wirtschaft und Gesellschaft bei dieser positiven Entwicklung: Wenn nachfolgende Geburtskohorten körperlich und geistig „fitter" erscheinen als frühere, dann liege das nicht so sehr daran, dass sie genetisch überlegen wären, sondern daran, dass sie unter günstigen sozialen und kulturellen Rahmenbedingungen lebten:

> „better material environments, more advanced medical practice, the improved economic situation of older persons, more effective educational and media systems, increased psychological resources such as reading, writing, and computer literacy, and many other related factors allow older persons to approach their own maximum lifespan in healthier and more vital conditions. When the physical body declines in old age, the environmental systems supporting the aging of the mind and the body become especially important (…). Without doubt, a good policy of aging requires attention to such factors as the social roles allocated to older adults and the general availability of intelligent-support systems including computers, better housing, access to health care, and better transportation." (Baltes & Smith, 2003, S. 126).

Längsschnitt- und Interventionsstudien zeigen für das dritte Lebensalter eine hohe Lernfähigkeit – insbesondere wenn es sich dabei um sprachlich und kulturell vermittelte Inhalte, um Wissen und Erfahrung handelt. Kognitive Fähigkeiten im Bereich der sogenannten „kristallinen" Intelligenz sind in eindrucksvollem Umfang stabil und ausbaufähig bis über 80 Jahre hinaus (Baltes & Smith, 2003, S. 126). Dies führt auch zu konkret besserer Leistungsfähigkeit in Aufgaben, die das Umsetzen von Lebenserfahrung, das Erkennen, Berücksichtigen und Regulieren von Emotionen oder Fähigkeiten beim Lösen interpersoneller Konflikte erfordern (siehe hierzu auch Kapitel 4.2).

Besonders hervorzuheben sind adaptive Strategien, mit denen ältere Menschen erfolgreich Verlusten begegnen und Bedrohungen abmildern (siehe Kapitel 4.4). Zu diesen Strategien zählen etwa die Neubewertung von Zielen bei

Zielblockaden, die Neukonstruktion zentraler Selbstkonzeptfacetten bei Bedro-hungen des Selbstwerts oder der selbstwertdienliche Vergleich mit Menschen, denen es schlechter geht als einem selbst (Brandtstädter & Greve, 1992; 1994; Wentura & Greve, 1996). Insgesamt zeigt sich in diesen Fähigkeiten ein Merk-mal, das nur schlecht in gängige Altersstereotype passt und das dennoch nach Befundlage ein markantes Merkmal des höheren Lebensalters ist, nämlich Flexi-bilität (Brandtstädter, 2007).

Gleichwohl: Baltes und Smith (2003) resümieren, dass die genannten positi-ven Aspekte für die „jungen Alten" des dritten Lebensalters – für den Altersbe-reich von etwa 60 bis 80 Jahren – gelten. Der Alterungsprozess gehe unweigerlich mit immer weiter fortschreitender Morbidität einher. Davon werde auch jeder betroffen, der nur hinreichend alt werde. „It may be a sad commentary, but dying before reaching the oldest ages is currently the only way to avoid succumbing to Alzheimer-type dementia" (Baltes & Smith, 2003, S. 127).

2.2   Psychographische Zielgruppenmodelle in der Marktforschung

In der Marktforschung haben sich neben demographischen Einteilungen von Zielgruppen sogenannte „psychographische Zielgruppenmodelle" etabliert. Das Grundprinzip dieser Modelle ist vor allem eine Orientierung an Einstellungen und Werthaltungen – im Unterschied zu demographischen Merkmalen wie Alter, Geschlecht, Einkommen oder Schulbildung.

Die Argumente für die Einrichtung solcher Modelle sind vielfach: Zum einen wird erwartet, dass das Konsumverhalten mehr von Einstellungen und Werthal-tungen geprägt wird als von der demographischen Zugehörigkeit. Zum ande-ren kann man aus demographischen Kategorien nur sehr unvollkommen auf die offenbar so viel wichtigeren Einstellungen und Werthaltungen schließen. Dieser Mangel demographischer Modelle wird gern am Beispiel von Personen illustriert, die nach Kriterien wie Alter, Geschlecht, Einkommen etc. als „demographische Zwillinge" gelten würden, zum Beispiel Ozzy Osborne und Prince Charles oder Woody Allen und Sylvester Stallone. An solchen Beispielen zeigt sich schnell, dass die vermutlich wichtigsten Merkmale zur Differenzierung mit einer rein demographischen Betrachtung nicht getroffen werden. (Niesel, 2002)

Als weiteres Argument für die Notwendigkeit einer Psychographie anstelle der Demographie wird immer wieder angeführt, dass soziale Schichten und Kate-gorien unscharf und durchlässig werden und dass Menschen ihre soziale Zuge-hörigkeit jenseits vorgegebener Lösungen zunehmend selbst gestalten und aus einer Vielzahl von Optionen wählen (Flaig & Barth, 2014; Niesel, 2002). Diese Argumentation ist insofern interessant, als sie im Grunde seit Jahrzehnten geführt wird, dabei aber oft der Eindruck entsteht, als seien Unschärfen, Flexibilität und Freiheitsgrade in der demographischen Zuordnung gerade in der jeweils jüngsten Vergangenheit besonders gestiegen. Vermutlich wäre also eine psychographische Betrachtung von Zielgruppen schon vor mehr als fünfzig Jahren gegenüber demographischen Modellen die bessere gewesen – die Notwendigkeit hierzu besteht wahrscheinlich spätestens seit der Auflösung der Ständegesellschaft.

Als Einwand gegenüber einer psychographischen Betrachtung kann man freilich anführen, dass psychologische Kriterien schwieriger festzustellen sind als demographische. Persönlichkeits-, Einstellungs- und Temperamentsmerkmale sind weniger offensichtlich und objektiv feststellbar als etwa das kalendarische Alter. Insofern ist bei psychographischen Segmentierungsansätzen eine Vernetzung mit demographischen Merkmalen wünschenswert.

In einem Bericht der Wirtschaftsprüfungs- und Beratungsgesellschaft PricewaterhouseCoopers (PwC) und der Universität St. Gallen (2006, siehe dort vor allem S. 14f, Tab. 10) werden unterschiedliche Segmentierungsansätze aus Sicht der Marktforschung für die ältere Zielgruppe aus dem deutschsprachigen Raum vorgestellt. Die Darstellung zeigt leider nicht im Detail an, welcher historischen Zeit die jeweiligen Modelle jeweils entstammen und wie breit sie eingesetzt werden. Eigene Recherchen lassen hierzu vermuten, dass die in Tabelle 2.1 aufgeführten Beispiele nicht mehr aktuell und auch nicht unbedingt sehr verbreitet sind. Sie zeigt aber auf, in welcher Vielfalt und Breite sich die Marktforschung dem Seniorenmarkt zugewandt hat. Kirchmair (2016) sieht darin einen „Hype", der mittlerweile vorüber ist und von dem nur noch einige halbwegs stabile und gepflegte Systematiken übrig geblieben sind.

Zur Aktualität der Typologien muss man bedenken, dass mit den Geburtsjahrgängen ab 1960 mittlerweile längst Bevölkerungsgruppen in die Gruppe „50+" eingetreten sind, für die die Entwicklung des Internets oder des mobilen Telefonierens bereits den größten Teil der aktiven Berufstätigkeit geprägt hat bzw. mindestens prägen konnte. Gerade die Frage des Umgangs mit neuen Technologien wird daher bei den Senioren der kommenden Jahre erheblich andere Antworten erhalten als früher – und dies wird sich auf die Details in den Segmentierungen auswirken.

Dies ist freilich ein generelles Problem von Segmentierungsversuchen: Manche von ihnen verfügen nur über eine geringe „Halbwertszeit", sind jedenfalls schnell veraltet. Zumindest für diejenigen Aspekte von Alterstypologien, die kohortenabhängig sind, sind davon sicherlich auch die hier in Rede stehenden Segmentierungen betroffen. Daher lohnt sich die Frage, worin denn

Tabelle 2.1 Psychographische Zielgruppenmodelle in der Marktforschung (Auswahl) (Quelle: PwC & Universität St. Gallen, 2006; Ernest Dichter SA, 2000, S. 6; siehe auch Halfmann & Lehr, 2014)

Institut/Quelle	Typologie	%-Anteil	Merkmale	Altersklasse
Ernest Dichter SA; Institut für Motiv- u. Marketingfor- schung; Zürich (2000)	4 Dimensionen: • Trendaccepter • Trend-Blocker • Trend-Jumper • Trendsetter	38% 24% 18% 20%	• Unreflektiert genie- ßend • Verharren, ver- weigern • Jung sein und blei- ben wollen • Das bestmögliche machen	Frauen und Männer im Alter von 50 bis 80 Jahren
FESSEL-GfK; Lifestyle- und Sozialverhalten; Wien	4 Gruppen: • Die Flotten • Die Zufriedenen • Die Neugierigen • Die Zurückgezo- genen	k. A.	[Verschiedene soziale Verhaltensmerkmale (z.B. „Mit Familie zusammen sein", „Bekanntschaften machen") werden auf einer Skala von 1 (=täglich) bis 6 (=nie) bewertet; Gruppen entspre- chend geclustert]	Generation 50 plus in Österreich
E. E. Braatz; Senioren machen Märkte; Gottma- dingen	4 Gruppen: • Der Senior der Zukunft • Der frohe Genießer • Der kritische Philosoph • Der häusliche Schaffer	k. A.	• Innovativ, weltoffen, pos. Lebenseinstellung, „erleben" • Gesellig, selbstzu- frieden, „es sich gut gehen lassen" • Elitär, bildungs- hungrig, kritisch- pessimistisch • Zurückgezogen, Arbeit in Haus&Garten, qualitätsbewusst	50 plus

(Fortsetzung)

Tabelle 2.1 (Fortsetzung)

Institut/Quelle	Typologie	%-Anteil	Merkmale	Altersklasse
Konzept& Markt GmbH; Marktforschung für die Best Agers; Wiesbaden	6 Gruppen: • Die passiven Älteren • Die Macher • Die Genießer • Die Geselligen • Die Engagierten • Die Asketen	28% 21% 17% 12% 11% 11%	[Jeder einzelne Typ wird ausführlich charakterisiert hinsichtlich: Alter, Geschlecht, Freizeitinteressen, Mobilität, Urlaubsreisen, Gesundheitszustand und Kaufkraft (Methodik: Seniorenpanel, persönliche Inhome-Befragung)]	50 plus
TNS Emnid; Typologie Studie; Bielefeld	3 Gruppen: • Passive Ältere • Kulturelle Aktive • Erlebnis- • orientiert Ältere	35% 39% 26%	• Unterdurchschnittl. Aktivitätsgrad, älteste der 3 Gruppen • Beschäftigung mit kulturellen Aspekten, Geselligkeit • Außerhaus/ technikaffine Beschäftigungen, „erleben"	50 plus
Grey Worldwide; Düsseldorf	3 Kern-Segmente: • Master Consumers • Maintainers • Simplifiers	35% 33% 32%	• „Die Beweglichen": Aktiv, „erleben", 46% Haushaltsnettoeinkommen • „Die passiven Genießer": Status quo, 31% Haushaltsnettoeinkommen • „Echte Pensionäre": zurückgezogenkonservativ, 23% Haushaltsnettoeinkommen	50–59 Jahre 60–69 Jahre 70 plus

(Fortsetzung)

Tabelle 2.1 (Fortsetzung)

Institut/Quelle	Typologie	%-Anteil	Merkmale	Altersklasse
psychonomics AG; Köln (heute yougov)	3 Teilsegmente: • Empty Nesters • Junge Senioren • Alte Senioren	k. A.	• Auszug der Kinder, Grosselternrolle, hohes Einkommen • Eintritt Rentenalter, freie Zeit, verringertes Einkommen • Abnahme sozialer Kontakte und Konsumbereitschaft	45–60 Jahre 61–75 Jahre > 75 Jahre
SIGMA GmbH; Mannheim	10 Milieus: • Etabliertes M. • Traditionelles bürgerliches M. • Traditionelles Arbeitermilieu • Aufstiegsorientiertes M. • Konsum- materialistisches M. • Modern bürgerliches M. • Liberal-intellektuelles M. • Hedonistisches M. • Postmodernes M.	9,1% 12,3% 4,9% 17,1% 10,5% 11,9% 8,2% 9,9% 6,9%	[Darstellung der Milieus anhand der Dimensionen: "sozialer Status" (demographische Merkmale wie z.b. Schulbildung, Beruf, Einkommen etc.) und "Wertorientierung" (Klassifikation der sozialen Gruppen wie z.B. unterschiedliche Lebensstile, Wunsch- und Leitbilder, Sinngebungen/Religiosität, Einstellung gegenüber Arbeit und Leistung etc.)]	Generationen übergreifende Typologisierung (Deutschland)
GfK und A.GE; Nürnberg	4 Ansätze: • Altersansatz • Kompetenzansatz • Life-Style-Ansatz • Generationenübergreifend	k. A.	• Bsp. Allianz 60 plus-Versicherung; Bahncard für Senioren • Bsp. Vodaphone "Sex Bomb"-Klingelton • Bsp. TUI: Club Elan • Bsp. McDonald's	Generationen übergreifende Typologisierung (Deutschland)

(Fortsetzung)

Tabelle 2.1 (Fortsetzung)

Institut/Quelle	Typologie	%-Anteil	Merkmale	Altersklasse
GfK, Nürnberg	8 Euro-Socio-Styles: • Crafty World • Cosy Tech World • New World • Magic World • Authentic World • Secure World • Steady World • Standing World	k. A.	Darstellung der 8 Euro-Socio- Styles innerhalb eines Positionierungsraums mit den Dimensionen „Schein vs. Realität" sowie „Wandel vs. Beständigkeit"	Generationen über-greifende Typologi-sierung

hervorstechende Gemeinsamkeiten von Typologisierungsansätzen bestehen. Im oben zitierten Bericht (PwC & Universität St. Gallen, 2006, S. 16f) wird eine solche Gemeinsamkeit in einer dimensionalen Struktur gesehen: Alle Ansätze versuchten die Zielgruppen auf den Dimensionen Einstellung, Verhalten und Lebensweise einzuordnen.

Die Einstellungsdimension bewege sich zwischen den Polen: „Lebensbejahend positiv" und „negativ kritisch". Unter diese generelle Grundeinstellung werden dann auch Gelassenheit, geistige Flexibilität und eine generelle Offenheit subsumiert.

Allerdings ist auch die zweite Dimension, das Verhalten, an einem der beiden Enden durch Offenheit charakterisiert. Hier ist allerdings mehr das Weltoffene und Liberale eines konkreten Verhaltens gemeint, das sich gegenüber fremden Menschen und Kulturen, moralischen Werten oder Traditionen zeigt. Den Gegenpol bildet demgegenüber also ein konservatives Verhalten, das auch gleichzeitig als „zurückgezogen" charakterisiert wird.

Die Dimension der Lebensweise bewegt sich zwischen „aktiv-progressiv" und „passiv-resignativ". Lebensweisen können demnach auf Genuss- und Erlebnis oder auf Entspannung orientiert sein. Die Lebensweise wirkt sich auch auf den Umgang mit dem Alterungsprozess aus. Auf der einen Seite stehen offensive Maßnahmen, mit denen die Lebenssituation erhalten oder gar verbessert wird, auf der anderen Seite steht das „sich Abfinden" mit altersbedingten Verlusten und Einschränkungen. Zudem gehört in diese Dimension noch die Unterscheidung zwischen verschiedenen Arten, das eigene Geld auszugeben: Hier schwanken die Verhaltensstile zwischen Genuss- und pflichtorientiert.

Die hier beschriebenen drei Dimensionen werden in der Argumentation der PwC und der Universität St. Gallen (2006) als Schema zur Einordnung unterschiedlicher Typologien, sozusagen als „Faktoren zweiter Ordnung" formuliert. In dieser Funktion sind sie sicher hilfreich und treffend, gleichwohl sind sie aber auch nicht frei von Überlappungen. Zum Beispiel taucht der Begriff der Offenheit in jeder der drei Dimensionen auf. Auch scheinen sie in sich nicht ganz homogen, zumindest werden zur Beschreibung der Dimensionen auch immer wieder psychologische Temperaments- und Einstellungsbegriffe verwendet, auch wenn es eigentlich um Verhalten oder Lebensweise gehen sollte. Insofern können sie sicher nur als grobes heuristisches Instrument eingesetzt werden.

Aus psychologischer Sicht fällt zudem die Verwandtschaft der Dimensionen zu den Big Five (z.B. Borkenau & Ostendorf, 1993) der Persönlichkeit auf: *Offenheit* bildet darin einen eigenen Faktor – in einer ganz ähnlichen Beschreibung wie die obigen. Ein negativ-kritisches Temperament im Kontrast zu positiver Grundstimmung und Gelassenheit ist eine treffende Beschreibung der *Neurotizismus*-Dimension. Und eine aktive auf Erlebnisse orientierte Lebensweise im Unterschied zum Sich-zurückziehen überlappt auffallend mit der Persönlichkeitsdimension *Extra- vs. Introversion*.

Der sichtbare Bezug zu einer etablierten Taxonomie kann als ein Qualitätsmerkmal gewertet werden und auf die Brauchbarkeit einer solchen Dimensionierung hindeuten – allerdings nicht mit dem Anspruch, Einstellungen von Lebensweisen und Verhalten zu trennen, sondern eher Grundverfassungen von Temperament und Persönlichkeit zu unterscheiden, die sich ihrerseits auf alle diese Bereiche auswirken dürften. Im Übrigen könnten dann noch (mindestens) zwei weitere Dimensionen hinzukommen, nämlich Verträglichkeit und Gewissenhaftigkeit. Mit diesen fünf Dimensionen können jedenfalls nahezu überall (also auch über verschiedene Kulturen hinweg) Unterschiede zwischen Menschen mit extrem sparsamen Mitteln beschrieben und „taxonomiert" werden.

Ein ebenfalls an einer verbreiteten psychologischen Taxonomie orientiertes Konzept sind die Limbic Types der Gruppe Nymphenburg (http://www.nymphenburg.de/identitaetsorientierte-markenführung-limbic.html). Die Limbic Types basieren auf dem evolutionspsychologisch entwickelten Züricher Modell der sozialen Motivation von Norbert Bischof (z.B. 2001). Darin werden drei Grundmotive unterschieden: *Sicherheit, Erregung* und *Autonomie*, die dann bei den Limbic Types übersetzt werden in *Balance, Stimulanz* und *Dominanz*.

Grundgedanke bei einer Typologisierung ist hier, dass Menschen in unterschiedlichem Ausmaß von diesen Motiven geprägt sind. So wird etwa ein Typus von Hedonisten beschrieben, der an der Gesamtbevölkerung einen Anteil von 13 Prozent hat, und der durch das Stimulanzmotiv motiviert ist. Traditionalisten

(18 %) und Harmoniser (28 %) sind vor allem durch Balance motiviert, Performer (11 %) dagegen durch Dominanz. Auch Mischtypen sind vorgesehen, so zum
Beispiel Abenteurer (6 %) zwischen Stimulanz und Dominanz, Disziplinierte
(12 %) zwischen Balance und Dominanz und Offene (12 %) zwischen Balance
und Stimulanz (http://www.nymphenburg.de/identitaetsorientierte-markenfüh-
rung-limbic.html; Abruf 22.01.2018).

Die Limbic Types sind in wichtigen Markt- und Mediaanalysen vertreten, die
in den Kapiteln 5.1.3 und 5.1.4 vorgestellt werden. Diese Datensätze würden eine
altersspezifische Auswertung der Typen erlauben.

Eine Sonderrolle unter den Typologien wie überhaupt unter den Marktfor-
schungsansätzen nimmt die Typologie des Rheingold-Instituts aus Köln ein.
Die Sonderrolle verdankt sich einer betont qualitativen methodischen Ausrich-
tung, die auch eher geringen Wert auf Stichprobengrößen legt. Die Interpretation
der Daten ist in hohem Grade tiefenpsychologisch inspiriert. Rheingold hat auf
Anfrage eine Typologie von 2008 (Grüne & Volk, 2008) herausgegeben. Nach
persönlicher Auskunft sind aktuellere Versionen zwar vorhanden, aber nicht frei
verfügbar, da sie sich im Besitz der Auftraggeber befinden. Inhaltlich weiche aber
die Darstellung von Grüne und Volk (2008) nicht erheblich von aktuelleren Daten
ab. Der Ansatz wird in Exkurs 2 näher beschrieben.

Exkurs 2: Die Psychologie der Best-Ager aus Sicht des Rheingold Instituts
Auf den ersten Seiten des Berichts von Grüne und Volk (2008) wird festgestellt, dass die
neuen Jahrgänge der Senioren dieser Altersphase einen ganz neuen Sinn geben. Daher
haben gegenüber früheren Generationen auch neue Segmente gebildet. Frühere Ergebnisse
zu dieser Phase zeigten das Alter als „Späte Reifeprüfung" und als „Vertreibung ins Para-
dies". Grüne und Volk betonen für 2008: „Die Unterschiede zur Alten-Generation 99 könnten kaum größer sein."

Die Daten beruhen auf einer Stichprobengröße von 304 Personen im Altersbereich von
50 bis 81 Jahren. Dabei liegen allerdings 70 Prozent davon im Altersbereich 50–65. Tendenziell liegt also der Fokus auf der jüngeren Teilgruppe.

Diese Alten seien „wuselig" und „wibbelig", seien noch sehr aktiv, arbeiten zum Teil
noch voll und gehen vielen Hobbys nach, signalisieren „volle Auslastung". Weniger Tätig
keit sei nur bei den deutlich älteren Befragten zu beobachten. Vermittelt werde der Eindruck von Aktiv-sein, Gebraucht-werden und Beweglichkeit.

Dahinter zeigten sich aber auch Probleme, Befürchtungen und regelrechte „Horror-
Vorstellungen", die durch die Erkenntnis, sich nie mehr zu fühlen, wie ein Dreißigjähri-
ger, aber auch durch Verluste (Eltern, Partner, Chancen auf dem Arbeitsmarkt) losgetreten
werden. Gegen diese Erfahrungen und Ängste sollen Gegenbeweise aufgefahren werden
(Grüne & Volk, 2008, S. 9).

Problematisch sei allerdings, dass es hierfür keine Rollenmodelle gibt. Auf
jeden Fall wolle man sich gegenüber früheren, durch passives Verhalten dominierten
Altersrollen abgrenzen. Ein Beispiel hierfür sei der Camel-Mann, der mit 68 Jahren

Schwitzhüttenrituale und Seminare anbietet. Solche Biographien seien nicht mehr die Ausnahme, sie würden zukünftig zur Regel.

Grüne und Volk (2008, S. 12ff) argumentieren wie folgt: Die Prägezeit heutiger Senioren waren die 60er und 70er. Diese Zeiten waren durch Experimentierfreude geprägt, und die bringen die Älteren auch in das Älterwerden ein. Die Vorgängergeneration war demgegenüber autoritär und repressiv geprägt. Ebenfalls durch historische Zeit beeinflusst ist der Umgang mit unterschiedlichen Lebensphilosophien und Ideologien. Diese Pluralität hat es ebenfalls in früheren Jahrgängen nicht gegeben.

Aus den Äußerungen der Befragten werden „Generallinien" identifiziert (Grüne & Volk, 2008, S. 15ff): Eine davon ist der „Rückzug in kleinere Kreise und die Intensivierung". Damit ist gemeint, dass die Menge an Beschäftigungen und auch an Besitz (vor allem sichtbar am Beispiel des Wohnens) reduziert wird, was aber z.B. bei den Beschäftigungen auch eine Intensivierung zur Folge haben kann.

Eine Wiederbelebung dessen, was man früher geschätzt hat, wird ebenfalls beobachtet. Die können aber durchaus Interessen sein, die für die „Hippie"-Generation typisch waren, etwa Musik oder der Kauf eines Wohnmobils. Ebenfalls beobachtbar ist eine Bereitschaft, die Lebenskultur zu verfeinern, z.B. im Bereich Kultur und Essen. Und schließlich werden Partnerschaften auch im höheren Erwachsenenalter noch aufgelöst.

Auf der anderen Seite wird auch „Experimentieren" beobachtet, etwa in Form von alternativen Wohnformen, Änderung der Tagesabläufe und sogar das „Experimentieren" mit Drogen. Schließlich zeigt sich der Versuch der Sinngebung, indem das bisherige Leben kritisch reflektiert und nach sinnvollen Aufgaben für die Restlebenszeit gestrebt wird.

Eine weitere wichtige Generallinie ist die besondere Dominanz von Selbstbestimmung und Kontrolle. Die Studie legt nahe, dass die nachrückende Altengeneration gewohnt ist, ein hohes Maß an Kontrolle über ihre Lebensführung auszuüben und dass dies nun auch das Seniorendasein bestimmt. Neben den bereits erwähnten historischen Bedingungen wirkt hier auch noch die Emanzipationsbewegung einschließlich der „Pille" prägend, vornehmlich für Frauen.

Die letzten beiden Generallinien bezeichnen die Autoren als „Rüstigkeit demonstrieren" und „Erschließung von Freiräumen". Beides läuft auf eine hohe Konsumfreude hinaus, bei der neue Erfahrungen wie etwa die mit neuen Technologien und digitalen Medien, aber auch durch Reisen eine dominante Rolle spielen.

Im Resümee erscheint das Altern heute im Vergleich zu früher (also um die Jahrtausendwende) einfacher und schwieriger zugleich: Einfacher, weil die Offenheit und Experimentierfreude in den nun nachrückenden Jahrgängen höher ist. Schwieriger, weil die Akzeptanz des Abbaus, der Einschränkungen und der eigenen Vergänglichkeit schwerer fällt. Um diesen Erkenntnissen nicht zu sehr ausgeliefert zu sein, wird auch in hohem Maße geplant und Kontrolle ausgeübt. „Schilderungen wirklich ‚spontaner' Aktivitäten oder eben gerade ‚Passivitäten'(!) sind selten zu finden. Es kommen höchstens sauber geplante und oftmals mühevoll inszenierte ‚Auflockerungs-Aktivitäten' auf den Tagesplan, z.B. Form von Reisen oder Wellness. … Die Alten-Generationen früherer Zeiten erlebten Beschränkungen durch klare Rollenvorgaben (Altenteil) – gerade dadurch konnte man geistige Beweglichkeit entfalten (Altersweisheit, ein anderer, distanzierterer Blick auf die Dinge etc.). Die „Neuen Alten" heute sind paradoxerweise gerade durch die Beweglichkeit bzw. die Beweglichkeitsdoktrin eingeschränkt. Ältere Menschen stehen heute unter einem ungeheuren Performance-Druck." (S. 18)

Den Versuch einer Typologisierung überschreiben Grüne und Volk (2008) mit dem Schlagwort „Generation Ich". Grund für diese Bezeichnung sehen die Autoren in einer Logik der „Selbstverrechnung", die der untersuchten Generation eigen sei: „Ich habe in meinem Leben bisher viel (für andere) geleistet, nun bin ich mit meinen Wünschen, Träumen, Bedürfnissen und Sehnsüchten dran!" (S. 19).
Unter dieser Überschrift finden sich dann jedenfalls die folgenden Typen (S. 19 ff):

„a) Die Aussitzer, m/w eher ‚gemütlich', traditionsbewußt, strukturierter Alltag, hoher Medienkonsum … keine großen Entwicklungs- oder Veränderungsansprüche ans Älterwerden … Produkterwartungen: Produkte des täglichen Lebens sollen bequem, komfortabel und einfach zu handhaben sein … neuen Märkten und Produkten gegenüber wenig aufgeschlossen."
Dieser Typus nutzt traditionelle Medien (TV, Print), aber auch das Internet. Inhaltlich liegt die Medienpräferenz vor allem im Bereich der gefühlsbetonten Programme, z.B. Serien, Doku-Soaps, Reiseberichte, Spielfilme). Die Aussitzer sind der einzige Typus, der kein Problem damit hat, als „Senior" angesehen und angesprochen zu werden.
„b) Die ‚Selbstfürsorger', zumeist weiblich, ‚körperorientiert', ‚eitel', großer Wissensdurst in Bezug auf Prophylaxe und Selbst-Pflege … intensive Dauerbeschäftigung mit sich und dem eigenen Körper … auf Prophylaxe und Vermeidung von Altersbeschwerden bezogene Fürsorge … straff organisiert: Pflegende und sportliche Aktivitäten strukturieren den Alltag und ersetzen als ‚Quasi-Jobs' ehemalige berufliche bzw. Familientätigkeiten. … hohes Markenbewußtsein … hohe Aufgeschlossenheit neuen Produkten gegenüber, jedoch keine unbedingte Markentreue." (S. 20)
Medieninteresse besteht gegenüber themenzentrierten Sachinformationen
„c) Die ‚Rastlosen Rumtreiber': m/w, aktiv und mobil, eher ‚gut betucht', gönnen sich gern Neuanschaffungen … Freizeit-Aktivitäten, Hobbys und Reisen werden zum zentralen Mittelpunkt des (Er-)Lebens und werden oftmals mit hohem finanziellen Aufwand kultiviert … Nach einem (oftmals sehr erfolgreichen und arbeitsintensiven) beruflichen Werdegang möchte man sein Leben nun nach den persönlichen Vorlieben und Interessen ausrichten. … häufige Neuanschaffungen bzw. ständiges ‚Nachrüsten' … Pausen, in denen man ‚gar nichts' macht, gibt es kaum; Medien aller Art ermöglichen dann willkommene ‚Quasi-Aktivitäten'" (S. 21).
„d) Die ‚Altersleugner': m/w, Ausleben alternativer Lebensformen, eingebunden in ‚junge Bezüge', große Ängste in Bezug auf Nachlassen körperlicher Fähigkeiten. … hält oftmals streng an seinen bereits lange bestehenden Lebenshaltungen und Einstellungen fest. … tendenziell ‚revoluzzerhaftes' Selbstbild der ‚68er' Generation. … Häufig freiberufliche oder selbstständige Tätigkeit, die … als identitätsstiftend erlebt werden … (z.B. künstlerische Tätigkeiten, Musiker, soziale Berufe etc.)" (S. 22)
Der Typus zeigt Interesse an neuen Produktentwicklungen, vor allem wenn sie zu den Lebensidealen passen, wie z.B. Bio- und Naturtrends. Auch Medien werden ausgiebig rezipiert, es besteht zudem ein hohes Interesse an der Medienentwicklung, das häufig über die eigenen Kinder gepflegt wird.
„e) Die ‚Neustarter': m/w, Veränderungen und Verluste werden zur Basis für ein neues ‚zweites' Leben … Zumeist bezieht sich der Neustart auf die ‚Liebes- und Beziehungsebene' (Trennung von Partner, neuer Partner) … auch das Ende der beruflichen Tätigkeit … kann Auslöser für eine Neuausrichtung der persönlichen (beruflichen)

Interessen sein … Bilanzierungsphase … Man hat das Gefühl, bisher nicht das Leben geführt zu haben, das man sich ursprünglich gewünscht hat. … Produkt- und Markengewohnheiten ändern sich … Erfüllen von lang gehegten Produktwünschen … Befreiung von Produkten und Marken, die für das ‚alte Leben' stehen. Auch in Bezug auf die Mediennutzung ist dieser Typus experimentierfreudig. … Nutzung des Internets auffällig hoch." (S. 23)

„f) Die Pflichterfüllten: tendenziell weiblich, engagierte Teilhabe am Leben der anderen, wollen gebraucht werden! … wenig Veränderungen. Das arbeits- und verpflichtungsreiche Leben wird fortgeführt. … Versorgung und Pflege der eigenen Kinder, Enkel, des hilfebedürftigen Ehepartners, der eigenen Eltern, Nachbarn, Verwandten etc. … ehrenamtliche Tätigkeiten im sozialen Bereich … große Sorge, nicht mehr gebraucht zu werden." (S. 24) Im Konsumverhalten ist dieser Typ ebenfalls stark auf andere fokussiert, mit aufwendiger Suche nach Produkten für Enkel, Kinder oder Ehepartner. Darüber hinaus besteht eine Vorliebe für Produkte, die kreative Tätigkeiten ermöglichen, z.B. Dekorieren, Handwerken und Renovieren. „Hoher TV-Konsum in den Abendstunden, Nutzen von Printmedien"

Resümierend ist eine Besonderheit dieser Altern-Generation hervorzuheben: Ihnen bleiben die Lasten der umgekehrten Alterspyramide erspart, etwa die längere Lebensarbeitszeit, Abstriche in der Altersversorgung und Druck zur Eigeninitiative bei der Vorsorge.

Die Gruppe der Senioren ist groß und sie bildet einen „zweiten Mainstream" (S. 25). Gleichwohl ist nicht zu empfehlen, diese Gruppe „besonders" zu behandeln. Eher ist geraten, altersgerechte Produktgestaltung in die normalen Produkte zu integrieren.

Die Zielgruppenmodelle in Tabelle 2.1 oder in Exkurs 2 können natürlich mehrheitlich als „psychographische Modelle" gelten. Allerdings verfehlen sie – mindestens in der dargestellten Form – einige Qualitätskriterien, die man an eine Typologie oder Segmentierung richten sollte. Zum Beispiel fehlen in vielen Typologien *Angaben über die konkrete Verteilung der Typen in der Bevölkerung* (besonders auffällig ist dies bei den Rheingold-Typologien aus dem Exkurs 2: Hier ist die geringe Betonung des quantitativen Blickwinkels geradezu Programm). Ein weiteres Kriterium sollte die *empirische Absicherung* sein, die zumeist durch hohe Fallzahlen und hohe Repräsentativität der untersuchten Stichprobe, durch anspruchsvolle wissenschaftliche (ggf. auch statistische) Methodik und durch Replikation der Befunde sichergestellt werden kann. Zudem müssen Segmentierungen *gepflegt und aktualisiert* werden, da sie schnell veralten. Und schließlich sollten sie nach Möglichkeit mit *demographischen Kriterien und Verhaltensdaten vernetzt* sein.

Wie schon gesagt: Die meisten oben zitierten Ansätze (mit Ausnahme der Limbic Types) scheitern bei mindestens einem dieser Kriterien. Die folgenden beiden Konzepte sind daher besonders hervorzuheben. Bei ihnen finden sich die beschriebenen Probleme in deutlich geringerem Ausmaß. Die vermutlich größte Relevanz für die Gegenwart haben vor allem zwei Typologien, die beide nicht primär für den Seniorenmarkt erstellt wurden: Zum einen der Semiometrie-Ansatz von Kantar TNS (ehemal TNS Infratest) und zum anderen die Sinus-Mileus des Sinus-Instituts aus Heidelberg.

2.2.1 Der Semiometrie-Ansatz

Die Grundidee der Semiometrie geht auf den Gedanken zurück, dass sich Einstellungen und Werthaltungen in der Verwendung von bzw. Zustimmung zu wertenden Begriffen spiegeln. Methodisch ist hierbei hervorzuheben, dass zunächst nicht – wie in vielen anderen Segmentierungsversuchen – die Zustimmung zu konkreten Aussagen erhoben werden (z.b. „Gutes Aussehen ist wichtig im Leben", „Die Kirche passt nicht in unsere Zeit", „Eine Frau sollte ganz für ihre Familie da sein", zit. n. Niesel, 2002, S. 340). Vorgegeben werden vielmehr einzelne Begriffe, ohne dass diese im Kontext einer konkreten Aussage stehen. Genauer gesagt sind das 210 Wörter wie z.b. „Blume", „ewig", „Geheimnis", „Ruhm", „wild", „Labyrinth"… Reaktionen von Befragten auf diese Begriffe folgen einem Muster: Wer zum Beispiel auf den Begriff „Vertrauen" in bestimmter Weise (z.b. mit zustimmendem oder annäherndem Verhalten) reagiert, tut dies auch bei Begriffen wie „beschützen", „anschmiegsam" oder „Treue". Die genannten Begriffe markieren gemeinsam mit einigen anderen die Dimension „Sozialität" im Semiometrie-Basismapping (z.b. Niesel, 2002, S. 343).

Die Begriffe stehen aufgrund der Reaktionen in bestimmten „Ähnlichkeitsbeziehungen" zueinander. Am einfachsten ist es, wenn diese Beziehungen in einem zwei- und höchstens dreidimensionalen Raum abgebildet werden können – theoretisch und mathematisch sind deutlich kompliziertere Darstellungen möglich. Im Fall des Semiometrie-Basismappings hat sich eine zweidimensionale Einordnung durchgesetzt. Die beiden Dimensionen sind durch die Antagonisten „Sozialität – Individualität" und „Pflicht – Lebensfreude" beschreibbar (siehe auch Abbildung 2.1).

Dies ist in kurzen Worten die Grundlage, auf der seit Jahren erfolgreich Segmentierungen unterschiedlicher Gruppen von Konsumentinnen und Konsumenten vorgenommen werden. Im Falle der Zielgruppe ab 50 Jahren aufwärts hat es drei Einordnungen in den Jahren 2003, 2005 und 2009 gegeben (Halfmann & Lehr, 2014, S. 40; TNS Infratest, 2005, 2009). Diese Einordnungen zeigen, dass die befragten Personen über 50 im Vergleich zur Gesamtbevölkerung eine Reihe von Begriffen deutlich höher, und andere deutlich geringer bewerten (siehe Abbildung 2.1).

Die Gruppe 50+ bildet nach diesen Analysen in der Tat mindestens in einigen Bereichen eine sichtbar andere Population als die Gesamtbevölkerung. TNS

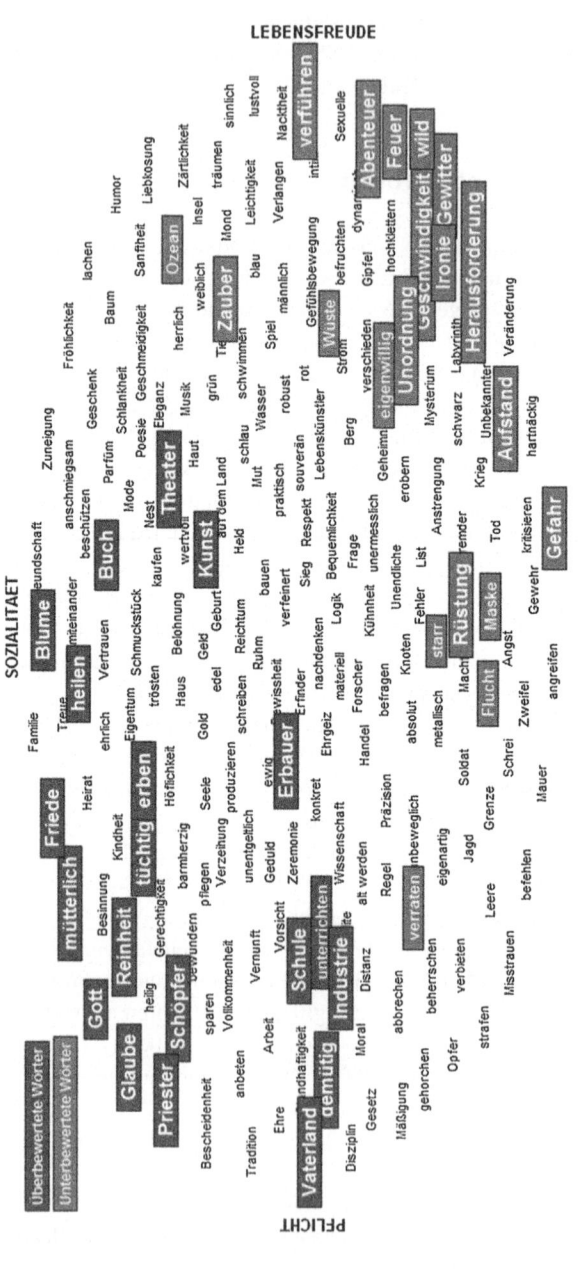

Abbildung 2.1 Über- und unterbewertete Wertorientierungen im Altersbereich 50+ („Best Ager") (Quelle: TNS Infratest (heute Kantar TNS, 2009, S. 4).

Infratest (2009) bezeichnet diese Gruppe, also Menschen über 50 Jahre, als „Best Ager". Die markanten Überbewertungen der Best-Ager entstammen vor allem den Bedeutungsbereichen „familiär", „religiös", „pflichtbewußt", „kulturell" und „traditionsverbunden". Die unterbewerteten Bedeutungsbereiche sind vor allem „erlebnisorientiert", „kritisch", „dominant", „verträumt" und „kämpferisch" (TNS Infratest, 2009, S. 4). Veränderungen gegenüber der Erhebung von 2005 sind gering: Damals war auch der Begriff „lustorientiert" etwas markanter unterbewertet. Zudem sind 2009 „familiär" und „verträumt" als über- bzw. unterbewertete Begriffe hinzugekommen (TNS Infratest, 2005, S. 13).

Diese Einteilung lässt sich noch weiter differenzieren. Mit Hilfe von clusteranalytischen Methoden werden im nächsten Schritt auch innerhalb der „Best Ager" Personengruppen ermittelt, die möglichst viele Merkmale miteinander teilen, und sich gleichzeitig von anderen Personengruppen sichtbar unterscheiden. Dieses Vorgehen führte zu folgender Einteilung (Halfmann & Lehr, 2014; TNS Infratest, 2009):

- Passive Ältere
  (mit einem Anteil von 35 % in 2003 und 2009 bzw. 37 % in 2005)
- Kulturelle Aktive
  (mit einem Anteil von 39 % in 2003, 33 % in 2005 und 31 % in 2009)
- Erlebnisorientierte Aktive
  (mit einem Anteil von 26 % in 2003, 30 % in 2005 und 34 % in 2009)

Diese drei Gruppen sind im Prinzip noch immer alle durch die Werthaltungen charakterisiert, die die „Best Ager" generell auszeichnen. Allerdings finden sich auch Binnendifferenzierungen in Werthaltungen, demographischen Merkmalen und Konsummustern (TNS Infratest, 2005, S. 32ff):

Die „passiven Älteren" bilden die älteste der drei Gruppen, 46 Prozent aus diesem Segment sind 70 und älter. Bildung und Einkommen sind eher unterdurchschnittlich, ebenso wie das Haushaltseinkommen. Passivität charakterisiert vor allem das Freizeitverhalten, hier sind auch die Computernutzung und die sozialen Kontakte sehr selten. Diese Gruppe ist in Bezug auf das Konsumverhalten insofern auffällig, als in ihr fast alle Produktbereiche unterdurchschnittlich genutzt werden. Nur der Medienkonsum in Form von Fernsehen, Radio, Zeitschriften und Büchern ist durchschnittlich. Die Werthaltungen repräsentieren vor allem Familie, Tradition und materielle Werte, weniger dagegen Kultur oder Hedonismus. Im historischen Vergleich erscheint die Größe dieser Gruppe stabil.

Die „kulturellen Aktiven" sind demographisch allenfalls durch einen hohen Frauenanteil auffällig. Aktiv sind sie vor allem in Beschäftigungen mit kulturellem Hintergrund, z.b. Lesen und Theaterbesuch. Hinzu kommen intensiv gepflegte soziale Kontakte sowie Sport. Im Konsumverhalten zeigt die Gruppe Vorlieben in den Bereichen Mode, dekorative Kosmetik, Drogerieartikel, probiotische Trinkjoghurts. Die Werthaltungen betonen kulturelle und religiöse Orientierungen, Familie und gesellschaftliches Miteinander. Weniger stark liegt die Betonung bei individualistischen Werten. Obwohl die kulturell Aktiven mehr Bücher, Zeitschriften und Zeitung lesen, mehr ins Theater gehen, mehr traditionelle Medien wie Radio nutzen als die durchschnittlichen Best Ager, liegt – erstaunlicherweise – ihr Bildungsstand tendenziell eher unter dem Durchschnitt der untersuchten Altersgruppe. Von 2003 bis 2009 hat sich die Größe dieser Gruppe verringert.

Die „erlebnisorientierten Aktiven" sind eher bei Männern und eher im Altersbereich um 50 – 59 anzutreffen. Tendenziell ist diese Gruppe auch eher einkommensstark. Im Freizeitverhalten zeigt sich eine erhöhte Technik-Affinität (also auch eine erhöhte Computer und Internet-Nutzung), aber auch ein extravertierter Lebensstil (Trendsport, Kino, Ausgehen). Gegenüber religiösen, familiären, sozialen und materiellen Werten grenzt sich diese Gruppe eher ab. Hier finden sich also am ehesten die erlebnisorientierten, hedonistischen, aber auch kritischen Werthaltungen, die generell die „Best Ager" auszeichnen. Aufgrund ihrer Werthaltungen sind die erlebnisorientierten Aktiven jüngeren Zielgruppen noch am ähnlichsten. Ihr Anteil an den Best Agern ist von 2003 bis 2009 angestiegen.

In der praktischen Anwendung kann man zum Beispiel zeigen, zu welchen Anteilen die Kunden bestimmter Marken oder Dienstleistungen aus den Best-Agern bzw. aus den drei Untergruppen bestehen. Für den Finanzmarkt zeigen TNS Infratest (2005, S. 51) beispielsweise, dass Best-Ager unter den Kunden fast aller Banken überproportional vertreten sind, außer bei den Direktbanken. Die Banken untereinander unterscheiden sich weiterhin: Zum Beispiel haben nur die Sparkassen im Best Ager-Segment überproportional viele Passive. Bei den anderen untersuchten Banken ist dieser Gruppe eher gering vertreten. Auffällig dagegen ist der unverhältnismäßig hohe Anteil der erlebnisorientierten Aktiven bei den Direktbanken: Insgesamt liegt ihr Anteil an den Best Agern ja bei 30 Prozent, sie machen aber 51 Prozent der Kunden über 50 Jahre bei den Direktbanken aus.

Für den Automobilmarkt zeigt eine Analyse aus 2009 (TNS Infratest, 2009, S. 23ff), dass die passiven Ältern deutlich weniger geneigt sind, einen Neuwagen zu kaufen als kulturell Aktive oder – noch stärker – erlebnisorientiert Aktive. Außerdem zeigt die Analyse, dass generell die Kundengruppe 50+ für den Kauf von Neuwagen besonders interessant ist, da allem Anschein nach 62 Prozent der verkauften Neuwagen an diese Altersgruppe geht. Auch Markenpräferenzen zeigen sich spezifisch für die unterschiedlichen Segmente: Toyota Yaris oder VW

Polo etwa werden überdurchnittlich oft von erlebnisorientiert Aktiven und unter-durchschnittlich oft von passiven Älteren gewählt. Kulturell Aktive wählen leicht überproportional häufig Fiat Punto.

Dies soll nur einen kurzen und recht willkürlichen Einblick in mögliche Aus-wertungen mit Hilfe des Semiometrie-Ansatzes geben. Kritisch kann man zu dem Ansatz feststellen, dass die Basis der Segmentierung doch auffallend stark auf das Freizeitverhalten fokussiert. Auch ist die Unterscheidung von nur drei Gruppen insgesamt vielleicht etwas zu krude.

Der Semiometrie-Ansatz verdient aber aus mehreren Gründen eine Hervor-hebung: Zum einen ist er hoch flexibel. Mit nur unwesentlicher Anpassung kann die Methode auf unterschiedliche Objekte angewendet werden: Die 210 Begriffe, auf denen die gesamte Einordnung beruht, können sowohl Personen als auch Produkte, Parteien, Marken, Werbefiguren oder andere Dinge beschreiben. Dies erlaubt es, Affinitäten der Zielgruppen zu diesen Gegenständen als Distanzen in dem semantischen Raum darzustellen.

Außerdem erlaubt er, historische Entwicklungen darzustellen. Zum Beispiel zeigt die Analyse nicht nur, dass in den Jahren von 2005 bis 2009 der Anteil der kulturell Aktiven um acht Prozentpunkte kleiner geworden ist. Es kann zudem gezeigt werden, dass diese Entwicklung fast nur durch Abwanderung der Grup-penmitglieder in ein anderes Segment, insbesondere zu den erlebnisorientiert Aktiven zustande kommt. Bei den anderen Gruppen entstehen die Entwicklungen zu gleichen Teilen durch Abwanderung der Mitglieder und durch das Hinzukom-men jüngerer Jahrgänge in die Altersbereich 50+ (TNS Infratest, 2009, S. 21).

Zudem fußt die Segmentierung der Best Ager ja auf Daten, die in der Gesamt-bevölkerung gewonnen wurden. Damit stehen immer Referenzwerte zur Verfü-gung, die die Frage beantworten, ob ein bestimmtes Merkmal wirklich spezifisch ist für ältere Menschen oder ob man es ebenso bei jüngeren finden würde. Gerade für die Frage, ob bzw. wo ältere Menschen eine „Sonderbehandlung" brauchen, ist diese Erkenntnis von großer Wichtigkeit.

Der letztere Punkt, nämlich der stets mögliche Bezug zu Referenzwerten aus der Gesamtbevölkerung, ist ebenso charakteristisch für das folgende Modell, das allem Vermuten nach auch das im deutschen Sprachraum wichtigste darstellt, die Sinus-Milieus.

2.2.2 Die Sinus-Milieus

Flaig und Barth (2014) bezeichnen die Sinus-Milieus als „Gesinnungscluster, die auf der Basis ähnlicher Grundüberzeugungen und Mentalitäten gebildet werden."

(S. 115) Das Konzept der Sinus-Milieus geht nicht davon aus, dass Lebenswelten bzw. deren Aufteilung über die historische Zeit stabil sind. Wie sich die Bevölkerung auf unterschiedliche Milieus verteilt, ist veränderlich, die dazugehörigen Modelldarstellungen werden daher auch regelmäßig aktualisiert. Dies zu bedenken, wenn man in einem nächsten Schritt nun bestimmte Altersgruppen differenziert betrachtet. Man sieht hierbei zwar, inwieweit die jeweilige Altersgruppe im Vergleich zur Gesamtbevölkerung besonders ist. Dies gilt aber jeweils immer nur für eine bestimmte historische Zeit. Beispielhaft zeigt sich das etwa in der Entwicklung weg von weltanschaulich geprägten hin zu pragmatischen Haltungen in der Zeit von 2001 bis zur Anpassung des Sinus-Modells 2010 (vgl. Flaig & Barth, 2014, S. 109ff): Während Konsumkritik noch vor einigen Jahren relativ radikale Einstellungen bis hin zum Konsumverzicht zur Folge hatte und entsprechende idealistische Einstellungen nur bestimmten Milieus vorbehalten waren, ist der Idealismus der Jahre um 2010 pragmatischer und selektiver, dafür aber auch verbreiteter und gesellschaftlich wirksamer. „Ein Beispiel dafür ist die neue Konsummacht der Zielgruppe der Lohas (Lifestyle of Health and Sustainability)" (Flaig & Barth, 2014, S. 110).

Die einzelnen Sinus-Milieus werden als Flächen in einem zweidimensionalen Raum verortet. Die beiden Dimensionen stehen zum einen für die soziale Schicht (als Kombination von Bildung, Einkommen und Berufsgruppe) und zum anderen für die soziokulturelle Modernität (im Sinne von konservativ bewahrend vs. innovativ und „Grenzen überwindend", siehe hierzu Abbildung 2.2).

Abbildung 2.2 zeigt beispielhaft in der sogenannten „Kartoffelgrafik" die Sinus-Milieus in Deutschland mit Stand von 2015. Die Überlappung der Milieus soll fließende Übergänge andeuten: Klare Abgrenzungen, wie sie sich durch soziodemographische Kriterien wie etwa „Abitur oder nicht" anbieten, werden in diesem Modell nicht erwartet. Freilich ist die Unschärfe der Realität geschuldet und ist nicht die Folge unzuverlässiger Modelle oder Methoden. Auch ein Übergang von einem Milieu ins andere ist möglich und mitgedacht. Hierbei lassen sich konkrete Übergangswahrscheinlichkeiten berechnen. Die Sinus-Milieus sind länderspezifisch zu verstehen. Zum Beispiel zeigt sich die Bevölkerung in Österreich als konservativer im Vergleich zu Deutschland. Dies spiegelt sich neben anderen Besonderheiten in einer eigenen Milieustruktur (Flaig & Barth, 2014, siehe dort insbesondere Abb. 8.6).

Die Kartoffelgrafik zeigt neben der relativen Lage der Milieus zueinander und zu den Dimensionen auch deren Größe an: Die Prozentwerte in Abbildung 2.2 sind als Anteilswerte in der Bevölkerung zu verstehen. Die Bezeichnungen für die Milieus sind nicht immer selbsterklärend. Insofern ist in jedem Fall eine genaue Beschreibung erforderlich. Beispielhaft soll hier das „Prekäre Milieu" betrachtet

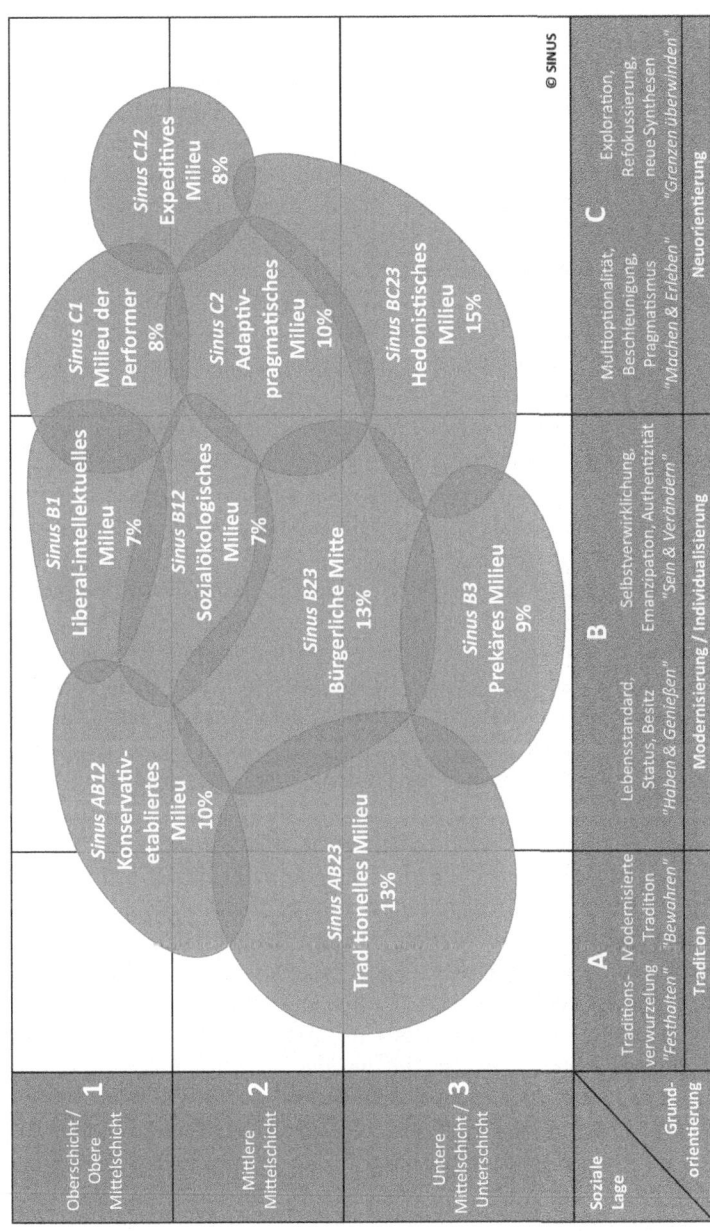

Abbildung 2.2 Die Sinus-Milieus in Deutschland 2015 nach Sozialer Lage und Grundorientierung (Quelle: Sinus, 2015, S. 14).

werden (für die weiteren Beschreibungen siehe Tabelle 2.2): Die Größe dieser Gruppe wird mit einem Anteil von neun Prozent an der Gesamtbevölkerung veranschlagt. In Bezug auf Bildung oder Einkommen zählen die „Prekären" zur Unterschicht – ihre Grundeinstellungen sind durch Modernisierung und Individualisierung gekennzeichnet, somit ist diese Gruppe nur mäßig konservativ. Die Bezeichnung „prekär" rechtfertigt sich dadurch, dass dieses Milieu durch eine „Häufung sozialer Benachteiligungen" und „geringe Aufstiegsperspektiven" gekennzeichnet ist (Flaig & Barth, 2014, S. 114). Das prekäre Milieu ist als Folge der „Wohlstandspolarisierung" der letzten Jahre entstanden, die in Deutschland stärker ausgeprägt war als etwa in Österreich. Daher ist auch in Österreich derselbe Bereich auf den zwei Dimensionen mit einem Milieu besetzt, das als „Konsumorientierte Basis" bezeichnet wird und deutlich weniger „prekär" sein dürfte (Flaig & Barth, 2014, S. 112ff).

Um nun in der aktuellen Milieu-Aufteilung die ältere Zielgruppe wiederzufinden, hat das Sinus-Institut auf Anfrage eine eigene aktuelle Auswertung für die Gruppe 50+ vorgenommen. Die Aufteilung wird in Tabelle 2.3 dargestellt. Zusätzlich enthält Tabelle 2.3 die Vergleichswerte aus der Gesamtbevölkerung und die Differenz in den Verteilungen.

Die ältere Zielgruppe scheint besonders in drei Bereichen überrepräsentiert: In der bürgerlichen Mitte, im prekären und vor allem im traditionellen Milieu. Dieses letztere Milieu erscheint schon in der allgemeinen Charakterisierung prädestiniert für das höhere Erwachsenenalter (Sinus, 2015, S. 16): „Die Sicherheit und Ordnung liebende ältere Generation: verhaftet in der kleinbürgerlichen Welt bzw. in der traditionellen Arbeiterkultur; Sparsamkeit und Anpassung an die Notwendigkeiten; zunehmende Resignation und Gefühl des Abgehängtseins".

„Abgehängtsein" ist, wie oben schon dargelegt, ebenfalls ein Charakteristikum des „prekären Milieus". Und auch die bürgerliche Mitte ist allem Anschein nach durch eine insgesamt problematische und angespannte Lebenssituation gekennzeichnet: „Der leistungs- und anpassungsbereite bürgerliche Mainstream: generelle Bejahung der gesellschaftlichen Ordnung; Wunsch nach beruflicher und sozialer Etablierung, nach gesicherten und harmonischen Verhältnissen; wachsende Überforderung und Abstiegsängste" (Sinus, 2015, S. 16).

Unterrepräsentiert ist das Segment 50+ im adaptiv-pragmatischen, im expeditiven und im hedonistischen Milieu. Die drei Beschreibungen hierzu finden sich in Tabelle 2.2.

Es ist im Einzelfall nicht immer sicht- und entscheidbar, woran es liegt, dass die betreffende Gruppe unterrepräsentiert ist. So ist etwa ein „Bedürfnis nach Verankerung und Zugehörigkeit" eigentlich aus guten theoretischen Gründen eher ein markantes Merkmal des höheren Lebensalters. Dieses Bedürfnis wächst

Tabelle 2.2 Kurzcharakteristik der Sinus-Milieus Quelle: eigene Darstellung nach Sinus, 2015, S. 16

Sozial gehobene Milieus	
Konservativ-etabliertes Milieu 10%	Das klassische Establishment: Verantwortungs- und Erfolgsethik; Exklusivitäts- und Führungsansprüche, Standesbewusstsein; zunehmender Wunsch nach Ordnung und Balance
Liberal-intellektuelles Milieu 7%	Die aufgeklärte Bildungselite: kritische Weltsicht, liberale Grundhaltung und postmaterielle Wurzeln; Wunsch nach Selbstbestimmung und Selbstentfaltung
Milieu der Performer 8%	Die multi-optionale, effizienz-orientierte Leistungselite: globalökonomisches Denken; Selbstbild als Konsum- und Stil-Avantgarde; hohe Technik und IT-Affinität; Etablierungstendenz, Erosion des visionären Elans
Expeditives Milieu 8%	Die ambitionierte kreative Avantgarde: Transnationale Trendsetter – mental, kulturell und geografisch mobil; online und offline vernetzt; nonkonformistisch, auf der Suche nach neuen Grenzen und neuen Lösungen
Milieus der Mitte	
Bürgerliche Mitte 13%	Der leistungs- und anpassungsbereite bürgerliche Mainstream: generelle Bejahung der gesellschaftlichen Ordnung; Wunsch nach beruflicher und sozialer Etablierung, nach gesicherten und harmonischen Verhältnissen; wachsende Überforderung und Abstiegsängste
Adaptiv-pragmatisches Milieu 10%	Die moderne junge Mitte mit ausgeprägtem Lebenspragmatismus und Nützlichkeitsdenken: Leistungs- und anpassungsbereit, aber auch Wunsch nach Spaß und Unterhaltung; zielstrebig, flexibel, weltoffen – gleichzeitig starkes Bedürfnis nach Verankerung und Zugehörigkeit

(Fortsetzung)

Tabelle 2.2 (Fortsetzung)

Sozial gehobene Milieus	
Sozialökologisches Milieu 7%	Engagiert gesellschaftskritisches Milieu mit normativen Vorstellungen vom „richtigen" Leben: ausgeprägtes ökologisches und soziales Gewissen; Globalisierungs-Skeptiker, Bannerträger von Political Correctness und Diversity (Multikulti)
Milieus der unteren Mitte / Unterschicht	
Traditionelles Milieu 13%	Die Sicherheit und Ordnung liebende ältere Generation: verhaftet in der kleinbürgerlichen Welt bzw. in der traditionellen Arbeiterkultur; Sparsamkeit und Anpassung an die Notwendigkeiten; zunehmende Resignation und Gefühl des Abgehängtseins
Prekäres Milieu 9%	Die um Orientierung und Teilhabe („dazu gehören") bemühte Unterschicht: Wunsch, Anschluss zu halten an die Konsumstandards der breiten Mitte – aber Häufung sozialer Benachteiligungen, Ausgrenzungserfahrungen, Verbitterung und Ressentiments
Hedonistisches Milieu 15%	Die spaß- und erlebnisorientierte moderne Unterschicht / untere Mitte: Leben im Hier und Jetzt, unbekümmert und spontan; häufig angepasst im Beruf, aber Ausbrechen aus den Zwängen des Alltags in der Freizeit

deutlich an, wenn man sich die eigene Endlichkeit vor Augen führt (z.B. Greenberg, Solomon & Pyszczynski, 2015), und Gedanken an die Endlichkeit des eigenen Lebens dürften sich trivialerweise im höheren Erwachsenalter häufen. Außerdem paßt ein höheres Bedürfnis nach Zugehörigkeit zum Altensstereotyp, vor allem wenn man sich viele ältere Menschen als vereinsamt vorstellt (was übrigens durch die Befunde der Generali Altersstudie, 2017e, nicht gestützt wird), und gleichzeitig annimmt, dass ein Bedürfnis wächst, wenn es frustriert wird.

Tabelle 2.3 Verteilung der Altersgruppe 50+ (Altersbereich 50 – 95) auf die Sinus-Milieus – im Vergleich mit der Gesamtbevölkerung Quelle: Sinus-Institut; Auswertung im Rahmen des vorliegenden Gutachtens

Sinus-Milieu	Gesamt	50 +	Differenz
Konservativ-etabliertes Milieu	10	12	2,0
Liberal-intellektuelles Milieu	7	7	0,0
Milieu der Performer	8	6	-2,0
Expeditives Milieu	8	2	-6,0
Adaptiv-pragmatisches Milieu	10	5	-5,0
Sozialökologisches Milieu	7	7	0,0
Bürgerliche Mitte	13	16	3,0
Traditionelles Milieu	13	24	11,0
Prekäres Milieu	9	12	3,0
Hedonistisches Milieu	15	8	-7,0

Insofern liegt es nahe, zur Interpretation der Ergebnisse aus Tabelle 2.3 vor allem dort zu suchen, wo man Gemeinsamkeiten zu sehen glaubt. Wie es scheint, sind vor allem Spaß- und Genussorientierung, Flexibilität und Offenheit Merkmale, in denen ältere Personen unterrepräsentiert sind, während sie gerade bei Merkmalen, die eine insgesamt angespannte soziale (teils auch finanzielle) Lage, Enttäuschung und Frustration ausdrücken, überrepräsentiert sind. Dies gilt freilich nur in Tendenzen – mehrheitlich stimmt die Milieuverteilung in der Gruppe 50+ mit der in der Gesamtbevölkerung ja überein.

Zur Interpretation von Tabelle 2.3 ist daran zu erinnern, dass die Sinus-Milieus regelmäßig angepasst werden und dass auf diese Weise Besonderheiten der historischen Zeit in der querschnittlichen Betrachtung nicht als solche hervortreten. Diese würden sich ja nur im Vergleich von früheren Mileustrukturen zeigen, die meist nicht im Zentrum der Aufmerksamkeit stehen. In Tabelle 2.3 werden die aktuellen älteren mit den aktuellen jüngeren Menschen verglichen. In diesem wie in jedem Vergleich von „Alt" mit „Jung" sind bereits die historischen Veränderungen, die die jeweiligen Altersgruppen seit der letzten Normierung durchlebt haben, herausgerechnet.

Ähnlich der Systematik von Kantar TNS – allerdings sehr viel differenzierter – enthalten die Sinus-Milieus eine mehrfache Segmentierung: Zum einen sind die Grunddimensionen, die Milieus, für ältere Konsumentinnen und Konsumenten immer noch die selben wie für jüngere. Dies ist keineswegs selbstverständlich. In der Vergangenheit sind bereits mehrfach ganze Milieus entfallen oder sind dazugekommen, und im internationalen Vergleich sind Milieustrukturen ebenfalls nicht unbedingt gleich (wie der Vergleich von Deutschland und Österreich in Bezug auf das „prekäre Milieu" 2010 zeigt, siehe oben, Flaig & Barth, 2014). Daher sollte man an dieser Stelle noch einmal betonen: Eine erste gültige Segmentierung der älteren Zielgruppe haben wir bereits durch die Grunddimensionen der Sinus-Milieus. In mindestens vier dieser Milieus ist die Struktur in der älteren Bevölkerungsgruppe (auf maximal zwei Prozentpunkte genau) die gleiche wie in der Gesamtbevölkerung. In allen anderen gibt es mehr oder weniger große Verschiebungen in der Verteilung, ohne dass sich die Grundstruktur ändert.

Und dies führt zum anderen Aspekt der Segmentierung: Die Sinus-Milieus erlauben Segmentierungsmöglichkeiten, die nahezu beliebig fein gewählt werden können. Die Segmentierung aus Tabelle 2.3 ist eigens für das vorliegende Gutachten erstellt worden, theoretisch könnten viele andere Binnendifferenzierungen folgen, die dann auch jenseits des Vergleichs der Gruppe 50+ mit der Gesamtbevölkerung genauer differenzieren. Mit dieser Darstellung befinden wir uns bezüglich der Sinus-Milieus genau an der selben Stelle, auf der wir mit dem Semiometrie-Ansatz bei der Identifizierung der Best Ager waren. Weitere Differenzierungen müssen also noch folgen.

2.3 Zusammenfassung

Wirtschaft, Politik und Gesellschaft geben in unterschiedlichen Kontexten willkürliche Altersgrenzen vor, etwa altersabhängige Preisstaffelungen, Festlegungen von Altersgrenzen für die Berentung oder die Ankündigung von Ü50 Partys. Diese Altersgrenzen sind zwar selten gut begründet, sie schaffen aber Fakten, die sich auf Konsummuster, Altersstereotype, das Gefühl eigener Adäquatheit oder Erfahrungen der Diskriminierung auswirken können.

Viele Lebensübergänge verlangen von den Betroffenen ein hohes Maß an Anpassung und Neuorientierung. Markante Ereignisse wie das Ende der eigenen Berufstätigkeit oder der Auszug der Kinder aus dem elterlichen Haushalt und auch die damit verbundenen Änderungen in der Lebensweise sind verhältnismäßig leicht zu objektivieren. Insofern bietet es sich an, Altersgruppen entlang solcher Übergänge zu bilden. Probleme ergeben sich aber daraus, dass nur wenige Lebensübergänge normativ sind. Einige sehr gravierende (z.B. späte Scheidung) betreffen nur wenige. Zudem variieren die Zeitpunkte, zu denen Menschen von diesen Ereignissen betroffen werden, mitunter sehr erheblich.

Bei Betrachtung des Lebensalters ist die bedeutendste Unterscheidungsmöglichkeit diejenige nach dem dritten und vierten Lebensalter. Der Übergang liegt bei etwa 80 Jahren – ist aber dynamisch. Als Alters-Kriterium für den Übergang vom dritten ins vierte Lebensalter kann dasjenige Alter gelten, zu dem aus der Gruppe derjenigen Personen, die mindestens das fünfzigste Lebensjahr erreicht haben, 50 % verstorben sind.

Für das dritte Lebensalter lassen sich noch sehr optimistische Folgerungen aus der gerontologischen Forschung ziehen. Hohe Lebensqualität und der Erhalt körperlicher und geistiger Fitness sind bis ins hohe Alter möglich. Hierzu tragen einerseits flexible Anpassung und kompensatorische Strategien der Älteren bei. Andererseits sorgt eine durch Gesellschaft und Politik gestaltete Umwelt dafür, dass Lebensbedingungen herrschen, die den Übergang vom dritte ins vierte Lebensalter weiter hinauszögern. Im vierten Lebensalter häufen sich allerdings Einbußen in der körperlichen und geistigen Befindlichkeit und Lebensqualität und -zufriedenheit sinken stark ab.

Die Marktforschung nutzt zur Zielgruppenanalyse psychographische Modelle, die vor allem Lebenswelten, Einstellungen und Werthaltungen betrachten. Diese Modelle sind zwar in der Vergangenheit häufig auf das höhere Erwachsenenalter angewendet worden. Zur Bewertung von Segmentierungsvorschlägen werden die folgenden Bewertungskriterien vorgeschlagen:

- Zeigt die Segmentierung die quantitative Verteilung der Bevölkerung auf die Segmente an?
- Ist die Segmentierung empirisch gesichert (meist durch große und repräsentative Stichproben sowie durch Replikation der Befunde)?
- Wird die Segmentierung über die Zeit gepflegt und aktualisiert?
- Ist sie mit demographischen und Verhaltensdaten vernetzt?

Nach diesen Kriterien erscheinen als aktuellste und differenzierteste Segmentierungsvorschläge der Semiometrie-Ansatz von Kantar TNS und die Sinus-Milieus des Sinus-Instituts, Heidelberg. In der Systematik der Sinus-Milieus werden insgesamt neun Segmente entlang den beiden Dimensionen „soziale Lage" (Unter-, Mittel- und Oberschicht) und „Grundorientierung" (Tradition, Modernisierung/ Individualisierung und Neuorientierung) unterschieden. Diese Segmente bzw. „Milieus" unterscheiden sich in Lebensweise sowie in ihren Einstellungen zu Arbeit, Familie, Freizeit Geld oder Konsum.

Grobe erste Auswertungen der Sinus-Mileus auf die Bevölkerungsgruppe 50+ hin deuten an, dass im Vergleich mit der Gesamtbevölkerung in der höheren Altersgruppe „angespannte" Milieus überrepräsentiert sind, die durch Gefühle der eigenen Benachteiligung und Überforderung charakterisiert sind. Unterrepräsentiert sind Ältere in Milieus, in denen Spaß- und Genussorientierung, Flexibilität und Offenheit dominiert. Generell ist allerdings die Übereinstimmung zwischen den Milieus der Bevölkerungsgruppe 50+ und der Gesamtbevölkerung hoch. Dies könnte sich allerdings bei einer differenzierteren Betrachtung ändern.

Die Sinus-Milieus sind vermutlich der zur Zeit ergiebigste und vielversprechendste Segmentierungsansatz, auch für die ältere Zielgruppe – und zwar aus den folgenden Gründen:

- Die Sinus-Milieus sind in einen großen, die Gesamtbevölkerung umfassenden theoretischen und empirischen Bezugsrahmen eingebettet. Unter anderem hat das zur Folge, dass man für Beobachtungen in einem bestimmten Segment stets Referenzwerte hat, anhand deren man feststellen kann, ob eine notwendige Differenzierung für dieses Segment spezifisch ist oder ob sie sich praktisch überall findet.
- Die Sinus-Milieus werden regelmäßig angepaßt und überprüft, so dass sich gesellschaftliche Entwicklungen darin spiegeln können. Sie sind das vermutlich am besten gepflegte und aktuellste Segmentierungsinstrument im deutschen Sprachraum.
- Die Sinus-Milieus genießen eine hohe Akzeptanz und werden daher auch in anderen Erhebungen mitgeführt, so vor allem in den Markt und Media Studien „best for planning" (http://www.b4p.media; siehe 5.1.3) oder VuMA Touchopoints (http://www.vuma.de/, siehe 5.1.4).

Desiderate und Forschungslücken: Die hier vorliegenden Daten (siehe Tabelle 2.3) zeigen zunächst nur Besonderheiten in der aktuellen Milieustruktur für das Alter 50+ auf. Genauere Altersdifferenzierungen stehen noch aus. Insbesondere wäre danach zu fragen, inwieweit sich der Übergang vom dritten ins vierte Lebensalter in psychographischen Zielgruppenmodellen wiederfindet.

Altersbilder in Selbst- und Fremdwahrnehmung 3

Was jemand über das Alter und den Alternsprozess denkt, beeinflusst das Konsumverhalten. Besonders augenfällig wird dies, wenn es um Entscheidungen für Vorsorge und Gesundheit geht: Menschen haben ohnehin die Neigung, zukünftige Ereignisse weniger wichtig zu nehmen als gegenwärtige, woraus viele unvorteilhafte Entscheidungen hervorgehen (z.b. Soman et al., 2005). Wenn nun allerdings das eigene zukünftige Selbst einem negativ bewerteten Altenstereotyp entspricht, wird die Zukunft noch weiter abgewertet und die ohnehin schon geringe Neigung zur Investition in die Zukunft, also z.b. in die Altersvorsorge, sinkt noch weiter (z.b. Levy, 2009).

Altersbilder werden unter anderem durch Gesellschaft, Politik und Marketing geprägt, so zum Beispiel durch Vorgaben, wann jemand als „alt" gilt. Einige dieser Vorgaben sind sehr explizit (z.b. Rentenalter, Altersgrenzen für Sonderpreise und Rabatte, siehe oben 2.1.1). Andere Altersbilder sind eher implizit und zeigen sich nur in der Art, wie Merkmale zugeschrieben werden und wie man über Menschen spricht, die ein altersunangemessenes Verhalten zeigen (z.b. Kalicki, 1996). Beide Formen des Einflusses werden von Medien und Marketing ausgeübt. Die folgenden Ausführungen thematisieren Altersbilder in der Selbst- und Fremdwahrnehmung und fragen nach deren Einfluß auf das Konsumverhalten.

Wenn es im folgenden um Altersbilder geht, kann man zwischen Alters- und Alternsstereotypen, also zwischen der Vorstellung, die jemand von alten Menschen hat, und den Vorstellungen vom Prozess des Alterns unterscheiden (dies tut z.b. der Sechste Altenbericht; Sachverständigenkommission des Sechsten Altenberichts, 2010). Kornadt und Rothermund (2015, S. 122) unterscheiden im selben Zusammenhang „age stereotypes" und „aging stereotypes". Da diese Differenzierung nur an ausgewählten Punkten wichtig wird, verwenden Kornadt und Rothermund (2015) als generischen Begriff „views on aging". Im Folgenden wird mit einem ähnlichen Zweck von „Altersbildern" die Rede sein.

© Springer Fachmedien Wiesbaden GmbH 2018
G. Felser, *Konsum im Alter,*
https://doi.org/10.1007/978-3-658-20243-9_3

3.1   Stereotype und Erwartungen an das eigene Alter

Stereotypen muss man danach differenzieren, ob sie für andere oder für einen selbst gelten, also ob es sich um Selbst- oder Fremdbilder handelt. Aus diesem Blickwinkel kann man viele Überlegungen und Erkenntnisse direkt aus der Forschung zu anderen sozialen Stereotypen, zu Vorurteilen und zur Problematik von „Eigen- und Fremdgruppe" übernehmen.

Eine Besonderheit hat freilich das Altersstereotyp gegenüber den meisten Stereotypen: Man wächst unweigerlich in die Fremdgruppe hinein und wird also irgendwann selbst ein Teil davon. Ob sie es nun tatsächlich erleben oder nicht, eigentlich dürften die meisten Menschen in der festen Erwartung leben, selbst einmal Mitglied der „Out-Group" zu werden. Insofern besteht eigentlich ein guter Grund, ein positives Altersstereotyp zu entwickeln.

Tatsächlich ist aber eine erstaunlich starke Tendenz zu einer negativen „Selbststereotypisierung" zu beobachten (Kornadt & Rothermund, 2011, S. 294). Ältere Menschen zeigen eine unerwartet hohe Bereitschaft, auch negative Altersstereotype auf sich selbst anzuwenden (Rothermund & Brandtstädter, 2003), und auch in der Generali Altersstudie sind die Erwartungen an das eigene Alter eher ambivalent und nicht durchweg positiv: Die Bewertungen, bei denen Alter eher als Chance oder eher als Last gesehen wird, verteilen sich exakt gleich: 36 vs. 37 Prozent. Die restlichen 27 Prozent der Befragten waren darin unentschieden (Generali Deutschland AG, 2017b, S. 19).

Kornadt und Rothermund (2011) unterstellen hierbei einen Effekt aus zwei einzelnen Schritten: Zum einen besteht zunächst das Altenstereotyp, das bereits die Vorstellungen des zukünftigen Selbst prägt: „So wie alte Menschen sind, so werde ich in Zukunft auch sein." Zum zweiten werden dann, wenn das entsprechende Alter erreicht ist, mehrdeutige Erfahrungen im Sinne dieses Altersstereotyps interpretiert: „Anzeichen von Antriebslosigkeit, Müdigkeit, Krankheit oder Schwäche werden nun nicht mehr als vorübergehende oder situativ bedingte Erscheinungen gedeutet, sondern als irreversible, altersbedingte Veränderungen. Gleiches gilt auch für positive Veränderungen. So wird nachgebendes Verhalten möglicherweise als Ausdruck von Altersmilde eingeordnet, eine gute Idee wird der Lebenserfahrung zugeschrieben oder ein gesteigertes Interesse an Sinnfragen wird als Hinweis auf ein altersbedingtes Interesse an Religion und Spiritualität gedeutet." (Kornadt & Rothermund, 2011, S. 294).

Der entscheidende Gedanke in dieser theoretischen Idee ist, dass Altersbilder schon in jungen Jahren und mit „Depot-Wirkung" das spätere Selbstbild als alter Mensch beeinflussen. Allem Anschein nach werden negative Altersstereotype nicht frühzeitig zurückgewiesen und korrigiert. Statt dessen prägen sie die

Vorstellung davon, wie man selbst einmal sein wird, und diese Vorstellung wird dann auch akzeptiert, wenn man das entsprechende Alter erreicht hat. Dabei ist es nicht erstaunlich, dass die Übernahme des Stereotyps um so ausgeprägter ist, je mehr man auch den Begriff „alt" auf sich selbst anwendet. Dies hängt bekanntlich nur teilweise vom tatsächlichen Alter ab: Normalerweise fühlen sich Menschen nicht so alt wie ihr tatsächliches Alter anzeigt (z.b. Generali Deutschland AG, 2017b, S.29; Schmitz, 1998).

Wichtig ist hier allerdings die Unterscheidung der verschiedenen Lebensbereiche: Dort, wo die größten Veränderungen über die Lebensspanne erst spät eintreten, verstärkt sich der Zusammenhang zwischen zukünftigem und tatsächlichem Selbst mit dem Älterwerden. Betroffen sind hier zum Beispiel Beruf und Freizeit, Gesundheit oder Finanzen. Bereiche, in denen bereits im jüngeren Erwachsenenalter markante Veränderungen eintreten (z.B. Freunde und Familie) ist der Zusammenhang dagegen über die Lebensspanne relativ konstant (Kornadt & Rothermund, 2011). Es gibt demnach anscheinend Veränderungen, die schon relativ früh – wenn auch nur für einen ganz bestimmten Lebensbereich – darüber entscheiden, ob man sich „alt" fühlt oder nicht. Ein Beispiel für diese Veränderungen könnte etwa die Elternschaft sein.

Zu den Erwartungen, die Menschen perspektivisch an das Alter haben, gehören auch die beiden Dimensionen „Aktives Engagement" und „Genuss und Muße". Im günstigsten Fall bietet das höhere Lebensalter, insbesondere der Ruhestand, Raum für beides. Insofern überrascht es nicht, dass sich beide Bereiche in Befragungen als unabhängig erweisen. Tatsächlich scheint es allerdings auch eine klare Aufteilung zu geben, was die Erwartungen betrifft: Genuss und Muße scheinen letztlich im Alter doch wichtiger zu sein als aktives Engagement – und dieser Unterschied vergrößert sich noch, je älter die Befragten werden (betrachtet wurden übrigens Geburtskohorten von 1929 bis 1978, was also einem Altersbereich von etwa 40 bis 80 Jahren entspricht, siehe Kornadt & Rothermund, 2011).

Die Folgerungen aus diesen Daten sind uneindeutig, da es sich um querschnittliche Befunde handelt: Im Sinne eines Kohorteneffekts könnte sich hier andeuten, dass jüngere Deutsche in ihrem prospektiven Altersbild ein längeres gesellschaftliches und berufliches Engagement vorwegnehmen als dies ältere Deutsche tun. Damit würden sich in den Daten politische Entwicklungen spiegeln, wie sie etwa durch die Diskussion um ein höheres Rentenalter angestoßen werden. Im Sinne eines echten Alterseffektes könnten die Befunde aber auch zeigen, dass sich in der Tat mit dem Alter die Präferenzen verschieben und Menschen immer weniger am gesellschaftlichen Engagement und immer mehr an Genuss und Muße interessiert sind.

Unabhängig von der Interpretation kann man allerdings resümieren, dass das Bild vom „aktiven Alten", der sich beruflich und ehrenamtlich engagiert, der sich fortbildet und seine Erfahrungen weitergibt, der eine Aufgabe sucht und weiterhin Geld verdienen möchte, vor allem die „jüngeren Alten" motiviert (siehe hierzu auch die Daten in Generali Deutschland AG, 2017b, S. 22ff). Diese Perspektive wiederum ist sehr stark von möglichst positiven Altersbildern abhängig: Wer ein positives Altersbild hat, sieht sich auch zukünftig aktiv und engagiert. Der Aspekt des Genusses und der Muße ist dagegen deutlich weniger auf positive Altersbilder angewiesen. Diese Option der Lebensgestaltung „[bezieht] ihre Attraktivität ... vor allem aus dem Wegfall von externen Zwängen, Forderungen und Verpflichtungen" (Kornadt & Rothermund, 2011, S. 296). Dies zu erreichen setzt nicht voraus, dass man bei alten Menschen auch eine Vielzahl positiver Eigenschaften sieht.

Mit dem Alter muss also das bisherige Fremdbild zum Selbstbild werden. Eigenschaften der vormaligen „Outgroup" müssen ins Selbstbild integriert werden. Das geht nicht ohne starke Anpassungsleistungen vonstatten. Interessanterweise bestehen die aber nicht nur in selbstwertdienlichen Prozessen. Zum Beispiel werden – wie zu erwarten ist – die negativen Aspekte des Altersstereotyps (z.b. geringe Fitness und Leistungsfähigkeit) deutlich weniger negativ gesehen, sobald man selbst das entsprechende Alter erreicht hat. Allerdings werden auch die positiven Aspekte des Stereotyps (z.b. Freizeit, Spiritualität) weniger positiv gesehen (für einen Überblick siehe Kornadt & Rothermund, 2015, S. 127).

Die Integration des Fremd- in das Selbstbild führt also zum einen zu weniger extremen Bewertungen. Zum anderen führt sie aber auch zu einer Differenzierung. So passen Menschen ihre Vorstellungen von zentralen wünschenswerten Eigenschaften so an, dass sie möglichst lange und möglichst stabil noch über diese Merkmale verfügen: Wenn mein Gedächtnis für Einkaufslisten nachlässt, wird dieser Aspekt auch generell für die Vorstellung von einem guten Gedächtnis abgewertet und andere, weniger bedrohte Aspekte des Erinnerungsvermögens werden subjektiv wichtiger (z.b. Gedichte auswendig kennen; Brandtstädter & Greve, 1992; Greve & Wentura, 1996; siehe auch Kapitel 4.4).

3.2   Die Folgen von Altersbildern und -normen

Ein gesetzliches Rentenalter kommuniziert, wann eine Gesellschaft von ihren Mitgliedern erwartet, dass sie zu arbeiten aufhören. Diese Erwartung wiederum kann mit unterschiedlichen impliziten und expliziten Begründungen verbunden sein, so etwa einem unterstellten Mangel an Leistungsfähigkeit, einer gesellschaftlichen Verpflichtung, Jüngeren Platz zu machen oder aber – bei der Heraufsetzung des Rentenalters – die Rentenkassen nicht über die Maßen zu beanspruchen.

Andere Normen können zum Beispiel den Umfang betreffen, in dem sich die Großeltern um die Enkel kümmern: Diese Normen implizieren sowohl, dass diese Großeltern sanft, freundlich und fürsorglich sind, als auch, dass sie eine hohes Maß an Freizeit besitzen (Kornath & Rothermund, 2015, S. 125).

Dass es diese Normen wirklich gibt und dass sie gelten, zeigt sich unter anderem darin, wie Menschen beschrieben werden, die diesen Normen nicht entsprechen: Ein weit über das Rentenalter hinaus berufstätiger Mensch wird dann schnell als „übereifrig" und „sturköpfig" beschrieben, eine Großmutter, die sich die Zeit für die Enkel nicht nehmen will, als „selbstsüchtig" und „kaltherzig" (Kalicki, 1996, siehe auch Kornath & Rothermund, 2015, S. 125).

Wenn man Altersbilder und -stereotype betrachtet, darf man nicht davon ausgehen, dass diese homogen seien. Altersbilder haben wir unterschiedliche in unterschiedlichen Situationen: Soziale Interaktionen, politische Diskussionen, die Familie, das Krankenhaus oder Pflegeheim, der Arbeitsplatz – alle diese unterschiedlichen Umgebungen aktivieren unterschiedliche Altersbilder mit unterschiedlichen Eigenschaften. Dies ist das Ergebnis der Arbeiten von Brewer, Dull, and Lui (1981). Die Autoren fanden mindestens drei prototypische Altersbilder: „the grandmother" mit Eigenschaften wie z.b. genügsam, hilfsbereit, gefühlvoll, ordentlich, „the elder statesman", konservativ, aktiv, würdevoll, und „the senior citizen", einsam, altmodisch und sorgenvoll.

Die hier genannten Prototypen schöpfen die existierenden Altersbilder sicherlich nicht aus. Allerdings setzen die Arbeiten von Brewer et al. (1981) einen Standard in der Altersforschung, indem sie auch methodisch fordern, dass die wissenschaftliche Auseinandersetzung mit Altersbildern über die Betrachtung der „Positiv-negativ-Dimension" hinausgehen. Wo die Forschung zu Alterbildern dies versäumt und bei einer einfachen positiv-negativ-Einteilung stehen bleibt, geht dies möglicherweise in erster Linie auf Mängel in der Methode zurück: Naheliegend und vermutlich bis heute am meisten eingesetzt ist sicherlich die Methode, Merkmale und Aussagen danach einschätzen zu lassen, inwieweit sie auf ältere Menschen zutreffen. Dieses Vorgehen jedoch ist stets nur so gut, wie die Merkmalsauswahl, die ihm zugrunde liegt. Wenn diese Auswahl nicht durch andere Forschungsergebnisse begründet ist, führt die Einschätzungs-Methode jedenfalls häufig noch zu allzu vereinfachten Ergebnissen, die der tatsächlichen Komplexität der Altersbilder nicht gerecht werden (Kornadt & Rothermund, 2015, S. 126f).

Bedeutender noch ist in diesem Zusammenhang allerdings der Vorwurf an die bisherige Forschung zu Altersbildern, dass dabei unterstellt wurde, die Kategorie

„alt" aktiviere gleichsam kontextfrei automatisch immer das gleiche Altersstereotyp. Gleichzeitig habe der Kontext der Befragungen selbst wiederum sehr
stark die Themen „Gesundheit" und „Leistungsfähigkeit" nahegelegt (Kornadt
& Rothermund, 2015, S. 128). Unter dieser Voraussetzung ist es freilich nicht
besonders erstaunlich, dass die nachgewiesenen Altersbilder vor allem Defizite
und Abbauprozesse akzentuieren.

Tatsächlich hängt das, was man sich unter „alt" oder einem „alten Menschen"
vorstellt, stark vom jeweiligen Kontext ab. Das Bild einer alten Frau aktiviert
das Konzept „langsam" nur gemeinsam mit einer Tätigkeitsbeschreibung wie
„die Straße überqueren", nicht aber gemeinsam mit „Blumen gießen" (Kornadt
& Rothermund, 2011). Kontexte bilden sicherlich Bereiche wie „Gesundheit",
„Beruf" oder „Familie". Allerdings ist die nachgewiesene Kontextspezifität noch
viel weiter differenziert: Zum Beispiel findet sich eine Altersdiskriminierung
für den Bereich Beruf – etwa im Rahmen einer Bewerbung – nur, wenn sich die
jeweilige Firma als modern und flexibel darstellt, nicht jedoch, wenn sie als stabil
und konservativ gilt (Diekman & Hirnisey, 2007).

Ein anderes Beispiel für die Kontextspezifität von Altersbildern setzt an einem
besonders häufig zitierten Befund der Stereotypenforschung an: Bargh, Chen
und Burrows (1996) konfrontierten ihre Probanden entweder mit altersrelevan-
ten oder altersirrelevanten Wörtern. Die bloße Beschäftigung mit diesen Wörtern
im Rahmen einer anderen Aufgabe führte dazu, dass die Probanden, die alters-
thematische Wörter verarbeitet hatten, in der Folge das Labor langsamer verlie-
ßen. Die Studie gilt als Nachweis für das Phänomen des „Behavioral Priming"
bzw. einen „Perception-Behavior-Link", dem zufolge die bloße Wahrnehmung
eines Konzepts ein Verhalten wahrscheinlicher macht, das zu dem Konzept passt.
Die Arbeit von Bargh et al. (1996) ist in der originalen Versuchsanordnung allem
Anschein nach nicht replizierbar (z.B. Doyen, Klein, Pichon & Cleermans, 2012),
insofern scheint sie hier nur als Anstoß für den Gedanken von historischem Interesse. Das Phänomen des Behavioral Priming dürfte jedenfalls gerade im Bereich
des Altenstereotyps wirksam sein, wenn auch in einem spezifischeren Sinn als die
Daten von Bargh et al. (1996) vermuten lassen:

Jüngere Studien zeigen, dass die Aktivierung eines (negativen) Altenstereotyps nicht etwa generische, sondern sehr spezifische Verhaltensfolgen hat.
Werden Stereotype im Bereich körperlicher Leistung aktiviert, beeinträchtigt
dies spätere Aufgaben, die Körperbeherrschung und Kraft erfordern, aber keine
Gedächtnisaufgaben. Werden dagegen Stereotype aus dem Bereich der Merkfähigkeit und des Erinnerns aktiviert, sind Gedächtnisaufgaben beeinträchtigt, nicht
jedoch Sportübungen (z.B. Levy & Leifheit-Limson, 2009, zit. n. Kornadt &
Rothermund, 2015, S. 131).

Die bloße Präsenz bzw. die „Aktivation" von Altersbildern hat also bereits Konsequenzen für das Verhalten. In gewissem Sinne kann man diese Konsequenzen als „sich selbst erfüllenden Prophezeiungen" bezeichnen. Allerdings werden hierunter sehr heterogene Mechanismen zusammengefasst: Die beeinträchtigte Merkfähigkeit nach der Aktivation von vergesslichen Alten ist ein vergleichsweise kleiner und subtiler Effekt. Solche Effekte bilden allenfalls den Ausgangspunkt für viel bedrohlichere und keineswegs mehr subtile Effekte von Altersbildern, die ein erfolgreiches Altern behindern und die Lebenserwartung senken. Menschen, die ein negatives Altersstereotyp haben, bewegen sich weniger (Wurm, Tomasik & Tesch-Römer), leiden häufiger unter kariovaskulären Erkrankungen oder Depressivität und haben eine geringere Lebenserwartung (Levy, Hausdorff, Hencke & Wie, 2000; Levy, Slade, Kunkel & Kasl, 2002; Rothermund, 2005).

Ein Zusammenhang zwischen einem schlechten Gesundheitszustand und einem negativen Altenbild ergibt sich natürlich auch, wenn Menschen, denen es im Alter schlecht geht, in Folge dessen schlecht über das Altern denken. Allerdings ist dies nicht der einzige Grund für die zitierten Zusammenhänge: Tatsächlich gehen negative Altersstereotype den Erkrankungen oft voraus und sagen über einen längsschnittlichen Zeitraum von über 38 Jahren spätere koronare Beschwerden vorher. Experimente von Levy und anderen (zit. in Levy, 2009) können eine kausale Wirkung von negativen Altenstereotypen nachweisen, indem sie bei älteren Probanden experimentell unterschiedliche Altersstereotype aktivierten: Menschen, die solchen Stereotypen ausgesetzt sind, zeigen geringere Körperkontrolle im nachfolgenden Verhalten oder treffen weniger gesundheitsbewußte Entscheidungen als Personen, die positiven Altersbildern ausgesetzt sind. Auch auf autonome Körperreaktionen hat die Aktivation von Altersbildern unmittelbaren kausalen Einfluß: Levy et al. (2002) aktivierten über unterschwellige Präsentationen positive oder negative Altersbilder. Negative Altersbilder erhöhten physiologische Stressindikatoren wie Herzrate, Blutdruck und Hautleitfähigkeit, positive reduzierten sie.

Altersbilder wirken also kausal und sind in hohem Grade verhaltensrelevant. Dass diese Konsequenzen bereichsspezifisch unterschiedlich ausfallen, kann allerdings auch auf ein Potential hindeuten. Levy et al. (2000) betonen bereits das Potential der positiven Altersbilder, die ja in ihren Experimenten auch stressreduzierende Wirkungen gezeigt haben. Die Befunde von Kornadt und Rothermund (2015) legen nahe, dass in bestimmten Bereichen – meist außerhalb des Leistungs- und Gesundheitsbereichs – bereits positive Altersbilder vorhanden sind, auf die man aufbauen kann. Jedenfalls scheinen Altersbilder, die durch Medien, Marketing und Werbung vermittelt werden, durchaus bedeutsam zu sein: Sie können Positives wie Negatives bewirken.

3.3   Altersbilder in Werbung und Konsumverhalten

Die Darstellung älterer Menschen in der Öffentlichkeit und insbesondere in der Werbung ist ein dauerhaftes Ärgernis für die Betroffenen (siehe z.b. Verbraucherzentrale Nordrhein-Westfalen, 2005, S. 44). Es ist freilich zu fragen, welche Darstellungen voraussichtlich bessere Effekte haben. Stereotype aufzulösen, ist sehr schwierig, hierbei müssen die beteiligten mentalen Prozesse beachtet werden. Stereotype lassen sich verstehen als mentale Kategorien, in die einzelne Exemplare mehr oder weniger gut integriert werden können (Schwarz & Bless, 1992). So gesehen bilden also „Alte" eine Kategorie, zu der einzelne ältere Menschen gehören. Welche Eigenschaften diese Kategorie hat, hängt zwar in der Tat von ihren Mitgliedern ab, allerdings ist es normalerweise wahrscheinlicher, dass dem Mitglied automatisch die Eigenschaften der Kategorie zugeschrieben wird, sobald es als Teil der Kategorie erkannt wurde, als dass sich umgekehrt die Eigenschaften der Kategorie ändern, wenn Mitglieder mit untypischen Merkmalen hinzukommen (z.B. Felser, 2015a, S. 141ff).

Die Präsentation von besonders untypischen Exemplaren für eine Kategorie kann sogar zur Verschärfung des Stereotyps führen. Dies zeigen Bless, Wänke und Wortberg (2003) für den Versuch, das Frauenstereotyp, dem zufolge „beruflicher Erfolg" nicht zum Frauenbild passt, durch Beispiele von beruflich erfolgreichen Frauen aufzubrechen. Anhänger des Frauenstereotyps ändern daraufhin nicht etwa ihr Frauenbild, sondern verschärfen es sogar durch die Bildung einer neuen Kategorie: „Karrierefrauen". Nach dem Beeinflussungsversuch gibt es nun also zwei Kategorien: „Frauen" und „Karrierefrauen", und da letztere sorgfältig aus ersterer entfernt wurde, ist das nunmehr „bereinigte" Frauenstereotyp noch vorurteilsbehafteter als zuvor. Dies ist zu bedenken, wenn man versucht, besonders herausragende Persönlichkeiten hervorzukehren, um damit das Altenstereotyp zu verändern.

Hinzu kommt, dass aufklärerische Bemühungen, in deren Rahmen unzutreffende Altersstereotype expliziert werden, sei es durch kritische Auseinandersetzung, durch Parodie oder in Form eines Quiz (z.B. Kline & Kline, 1991), aus psychologischer Sicht auch Risiken bergen. Das Wiederholen auch unwahrer Behauptungen erhöht relativ unabhängig von ihrem Kontext (also auch im Rahmen eines Dementis) deren Plausibilität – vor allem wenn diese Behauptungen existierende Schemata bedienen (Fiedler, 2000; Skurnik, Yoon, Park & Schwarz, 2005).

Das Aufweichen eines Stereotyps durch Beispiele gelingt nur, wenn die Beispiele nicht von vornherein als untypisch oder gar unrealistisch erlebt werden. Allerdings ist der Weg über Beispiele, über medial vermittelte Inhalte, über Werbung und über Geschichten durchaus ein erfolgversprechender Weg zur Änderung stereotyper Erwartungen (Felser, 2015a, S. 142ff, S. 289ff).

Die vorgetragenen Befunde aus Kapitel 3.1 und 3.2 haben für das Konsumverhalten im Alter eine Reihe von Implikationen. Wenn Vorstellungen vom Älterwerden schon in verhältnismäßig jungen Jahren so internalisiert werden, dass sie das eigene spätere Selbstbild prägen, dann erhöht das sicherlich die Verantwortung gegenüber einem Marketing, das jeder Altersgruppe ihre eigene Relevanz und gegebenenfalls auch ihre eigenen Produkte zuweist. Je stärker Alter durch unterschiedliche Behandlung der Altersgruppen akzentuiert wird, desto wichtiger ist es, dass positive Altersbilder vermittelt werden.

Noch wirksamer scheint jedoch die Strategie, wo immer möglich überhaupt nicht für eine bestimmte Altersgruppe zu produzieren – was meistens bedeutet, Produkte an ein höheres Alter anzupassen, in der Erwartung, dass diese von Jüngeren gleichermaßen akzeptiert werden.

Allerdings beeinflussen (medial vermittelte) Altersbilder in erster Linie die Bereitschaft zum Engagement und zu dauerhafter Teilhabe am gesellschaftlichen Leben – vermutlich bis hin zur Nutzung neuer Technologien. Hier wäre es daher besonders wichtig, realistische und positive Altersbilder zu vermitteln – und das, wenn möglich, sogar frühzeitig.

Die Initiative Digital Kompass (http://www.digital-kompass.de/) ist hierfür ein hervorragendes Beispiel, indem sie in der Tat relativ fraglos die Kompetenz älterer Menschen in der Digitalen Welt voraussetzt und vor allem auch in ihren Repräsentantinnen und Repräsentanten, ihren „Testimonials", diese Kompetenzen verkörpert. Wünschenswert wäre hier allerdings, dass die hierbei vermittelten Bilder nicht nur die ältere Zielgruppe erreichen (denn für deren „Alters-Selbstbild" könnte es quasi schon „zu spät sein"), sondern eben auch die jüngeren, um damit ein positives Bild des zukünftigen Selbst zu zeichnen.

Die Befunde von Kornadt und Rothermund (2015) zeigen auch Bereiche, die deutlich weniger von positiven Altersbildern abhängen. Dazu zählt die Frage, ob der ältere Konsument das Gefühl hat, endlich seinen eigenen Interessen nachzugehen oder genügend Zeit für die Personen zu haben, die ihm wichtig sind.

Oben wurde betont, dass die hohe Bereichsspezifität von Altersbildern auch Potentiale birgt: Dies zeigt sich zum Beispiel für die Nutzung von Smart-Phones und Internet: Diese Technologien kann man leicht unter einem Leistungs-Aspekt betrachten. Sie werden von vornherein unter dem Gesichtspunkt technischer Leistungsfähigkeit beworben. Von den Nutzern fordern sie Verständnis für die Technologie, Geschicklichkeit, Fachwissen und auch immer wieder schnelles Begreifen von Zusammenhängen. Wo diese Assoziationen dominieren, werden natürlich auch Altersbilder aktiviert, die Abbau und nachlassende Leistungsfähigkeit betonen.

Die gleichen Produkte können aber auch unter einem ganz anderen Aspekt betrachtet werden, nämlich als Instrumente der Kontaktpflege, der Integration und der Nähe. Hier wären auch Forschungsarbeiten von Interesse, die Anregungen aus der Gruppe älterer Nutzer gewinnen. Der Punkt ist: Auch zu diesen Stichworten gibt es ein passendes Altersbild. Möglichkeiten hierzu wären vielleicht noch zu ermitteln. Diese dürften dann allerdings deutlich motivierender sein und wirksamer zur Auseinandersetzung mit der Technologie anstacheln als leistungsdominierte Darstellungen von Technologie und digitalen Medien. Unterschiedliche Kontexte lösen eben unterschiedliche Altersbilder aus, und das kann sich das Marketing zunutze machen.

Wie soll man nun also das Alter in Werbung und Medien darstellen? Moody und Sood (2010) beschreiben unterschiedliche Vermarktungsstrategien, die je nach Kontext, beispielsweise nach Produktkategorie, erfolgreich sind. Insbesondere vier Strategien scheinen sich zu bewähren:

Age-denial: Die Marke wird mit jungen Themen assoziiert, der ältere Konsument hat dadurch keinen Grund, sich alt zu fühlen. Das Alter erscheint bei dieser Strategie durchaus negativ – schließlich wird es ja auch „geleugnet". Als Negativ-Beispiel einer solchen Strategie zitieren die Autoren daher auch mit Geritol eine Marke, die nach Anfangserfolgen zu stark mit dem Thema Alter assoziiert wurde – auch durch eine Marketingstrategie, die das Produkt z.B. in Fernsehprogrammen plazierte, die ganz offenkundig für ein älteres Publikum gedacht sind. Der Prototyp für den Altersleugner ist Peter Pan, und der passt nicht in ein Programm mit Quiz-Shows für die ältere Generation. Als erfolgreiches Positivbeispiel wird Botox genannt: Diese Marke arbeitet in ihrem Marketing stark mit sozialen Vergleichen, die den Selbstwert der Nutzer erhöhen und die Marke wie einen Helden inszenieren.

Zumindest in den USA ist die Altersleugnungsstrategie eine vielversprechende Option. Dies zeigt sich allein schon daran, dass es unter den Medizinern in den USA mehr Mitglieder der American Academy of Anti-Aging Medicine gibt als Gerontologen (Moody & Sood, 2010, S. 230f).

Age-adaptive: Die Markenkommunikation legt ihren Fokus auf Lösungen altersspezifischer Probleme durch das Produkt. Im Unterschied zur Altersleugnung legt es diese Strategie auf echte Problemlösung an. Sie fügt sich daher auch besonders gut in die adaptiven Strategien, die etwa Baltes und Baltes (1990, siehe auch Baltes & Smith, 2003 bzw. Kapitel 4.4) zur Bewältigung altersbedingter Probleme beschreiben. Ein Beispiel für Produktkategorien sind etwa Hörgeräte, ein Beispiel für eine Marke wäre Viagra. Wichtig ist, dass die Strategie altersbedingte Probleme akzeptiert und offensiv Lösungen anbietet. Gleichwohl ist auch hier die bevorzugte Strategie nicht, das Alter als Problemursache besonders

hervorzuheben. So treten zum Beispiel in der Werbung für Hörgeräte auch promi-
nente junge Nutzer auf (z.b. Adel Tawil, Sänger von Ich+Ich, als Testimonial für
Kind Hörgeräte; http://media.xad.de/print/o/print122499.jpg, Abruf 29.11.2016).
Für Viagra ist der frühere Senator Bob Dole aufgetreten, also durchaus ein
eher betagter Fürsprecher in der Werbung. Wichtig war hier, dass in den Werbe-
botschaften der Begriff „Impotenz" vermieden und durch „erektile Dysfunktion"
ersetzt wurde. Außerdem war es wichtig hervorzukehren, dass – genauso wie bei
Hörgeräten – junge wie alte Menschen von dem Problem betroffen werden können (Moody & Sood, 2010, S. 234f).

Eine psychologische Herausforderung für diese Strategie besteht in der grundsätzlichen Bereitschaft von Menschen, sich an aktuelle Zustände zu gewöhnen.
Dies verhindert, dass man bei sich selbst ein Problem sieht: Die eigene Sehkraft
und das eigene Hörvermögen erscheint dank der eigenen Anpassung als gut,
jedenfalls normal – selbst wenn es bereits beeinträchtigt ist.

Eine der wichtigsten verhaltenssteuernden Größen ist die Verlustaversion:
Menschen sind viel stärker motiviert, Verluste abzuwenden als gleich große und
gleich wahrscheinliche Gewinne herbeizuführen. Diese Erkenntnis ist der vielleicht wichtigste Beitrag der Psychologie zum Verständnis wirtschaftlicher Entscheidungen (z.B. Tversky & Kahneman, 1991). Wenn nun aber Menschen sich
an einen Zustand gewöhnt haben, messen sie zukünftige Zustände an ihrer aktuellen Situation – und der Zustand bei Nutzung des Produkts erscheint als Gewinn.
Dies motiviert deutlich schwächer als der Hinweis, dass mit dem Produkt Verluste
und Einbußen vermieden werden. Moody und Sood (2010) schlagen daher vor,
bei Gesundheitskampagnen den Fokus weniger auf die aktuelle und mehr auf die
zukünftige Gesundheit zu lenken: „Thinking about the future may invoke a loss
frame that prompts consumers to repond differently from when they think about
current health. ... To reach consumers in this way, it becomes important to con-
vey the message ‚it's not too late' for a better health." (S. 233).

Age-irrelevant: Im Markenimage spielt Alter überhaupt keine Rolle. Moody
und Sood (2010, S. 235ff) beginnen ihre Diskussion dieser Strategie mit einer
Liste von Beispielen, in denen der Versuch, Produkte speziell für Senioren zu
entwickeln, in großen Mißerfolgen endete. Dies läßt sich auch für den deutschen
Sprachraum bestätigen. Zum Beispiel bezeichnet Kirchmair (2016, S. 6) das speziell für Senioren entwickelte Handy „Katharina das Große" als „Riesenflop":
„Das ... speziell für Ältere entwickelte ‚3-Tasten-Handy' oder das überdimensi-
onierte ‚Katharina das Große' waren Flops, weil sie ihre Nutzer als hilflose Senioren diskriminierten. Hier hat sich aber inzwischen die Erkenntnis durchgesetzt,
dass ein Produkt im Sinne von ‚universal design' generationenübergreifend für
Jung und Alt nutzbar und problemlos handhabbar sein sollte." (S. 7).

Auch das Angebot von Senioren-Preisen und -Rabatten gehört zu einem Marketing, das eben nicht als „age-irrelevant" gelten kann, das als diskriminierend empfunden werden kann und daher riskant ist. Moody und Sood (2010, S. 237) gehen daher davon aus, dass solche Angebote über die Zeit hinweg abnehmen werden, weil sie diskriminierend sind und weil mit den „Baby-Boomern" eine Generation von „Alten" nachwächst, die insgesamt über eine höhere Bildung verfügt als frühere Generationen und die auf Altersdiskriminierung besonders ablehnend reagiert.

Ein Beispiel für ein altersirrelevantes Marketing ist etwa die Sportartikel-Marke New Balance. Im Unterschied zum Konkurrenten Nike betont diese Marke nicht Leistung und Sieg, sondern eher Stabilität und Selbstaktualisierung. Dies zeigt sich schon im Namen. Es setzt sich bei Anzeigenmotiven fort, wo z.B. ein einzelner Läufer vor einer Bergkulisse gezeigt wird. Hierbei ist nicht so entscheidend, ob dieser Läufer bereits ein höheres Alter erreicht hat. Wichtig ist vielmehr, dass nicht Wettkampf und Leistung, auch kein Vergleich mit anderen gezeigt wird, sondern eben nur ein Mann, der tut, was ihm gefällt oder was er für gut und richtig hält. Ein anderes Motiv zeigt eine einzelne Läuferin, die auf einem langen Weg übers Land läuft. Das Alter ist nicht klar zu erkennen, unterhalb der Anzeige heißt es aber (Text zitiert nach Moody & Sood, 2010, S. 238):

One more woman chasing a sunset.
One more woman going a little farther.
One more woman simply feeling alive.
One less woman relying on someone else.

New Balance ist in der älteren Zielgruppe sehr populär und stärker als etwa Nike. Grund hierfür dürfte der Appell an Werte und Einstellungen sein, denen Ältere wie Jüngere gleichermaßen zustimmen – gerade das macht sie eben „age irrelevant".

Age-affirmative: Die Vorteile des Alters werden betont, das Alter wird offensiv thematisiert und dabei regelrecht gefeiert. Die Frage, ob „age-affirmative" Marken dauerhaft und auf breiter Front erfolgreich sind, ist sicher eher kritisch zu beantworten. Ein besonders starkes Beispiel sind in den USA die Sun City Retirement Communities. Diese Wohnkolonien bieten komfortable und zum Teil luxuriöse Umgebungen, in denen Ruheständler ihren Lebensabend verbringen. Die Nachfrage ist im Prinzip sehr groß, gleichwohl werden sie aber auch kontrovers bewertet: „Some people love them, and some people hate them" (Moody & Sood, 2010, S. 240). Dass in ihnen das Alter in besonderer Weise wertgeschätzt wird, zeigt sich unter anderem darin, dass hier zum Beispiel an 60-Jährige Kredite mit Laufzeiten von 30 Jahren vergeben werden: Dieses Risiko einzugehen – und mehr noch die sich darin äußernde Grundhaltung – bildet einen Kern der „Age-affirmation".

Sun City ist, wie schon gesagt, umstritten. Entwicklungen im Markenkonzept sind immer wieder erforderlich und werden auch vollzogen. Zum Beispiel war das Konzept anfangs noch rein freizeitorientiert. Heutige Konzepte tragen sehr viel mehr der Tatsache Rechnung, dass immer mehr Ruheständler weiterhin am Erwerbsleben teilhaben (z.b. Generali Deutschland AG, 2017c, S. 61ff). Gleichwohl wird natürlich ein vergleichsweise hermetisches Altersbild gepflegt.

Moody und Sood (2010, S. 241f) zitieren noch eine andere, beinahe schon legendäre Kampagne, die man als „age-affirmative" bezeichnen könnte: „Beauty comes of age" von Dove. In dieser Kampagne wurden annähernd 1.500 Frauen aus unterschiedlichen Ländern im Alter zwischen 50 und 64 als Werbemodelle für Dove abgebildet. Mit der Auswahl dieser Modelle wandte sich Dove bewußt gegen den vorherrschenden Trend, in Werbung, und insbesondere in der Kosmetikbranche nur die Schönheit junger Modelle zu zeigen. Ob es sich dabei um eine age-affirmative oder eine age-irrelevant-Kampagne handelt, hängt allerdings von der Interpretation der Botschaft ab: Wenn man sagen will: „Das Alter ist schön", dann ist diese Kampagne in der Tat „age-affirmative". Allem Vermuten nach ist aber Dove mit der Kampagne noch etwas ganz anderes gelungen, nämlich zu zeigen, dass in der menschlichen Schönheit etwas enthalten ist, das nicht vom Alter abhängt – und unter dieser Interpretation ist die Dove Kampagne eher ein Beispiel für den Weg, der ohnehin vermutlich auf Dauer am meisten Erfolg verspricht: Werbung und Produkte zu entwickeln, bei denen das Alter keine besondere Rolle mehr spielt.

3.4 Zusammenfassung

Altersbilder haben eine Depot-Wirkung: Wenn sie nicht in frühen Lebensjahren zurückgewiesen werden, bleiben sie erhalten und prägen die Art, wie im höheren Erwachsenenalter Erfahrungen gedeutet werden. Dies führt dazu, dass auch negative Altersbilder verinnerlicht werden, wenn man das entsprechende Alter erreicht.

Generell macht das bloße Vorhandensein des Altersstereotyps bereits Verhaltensweisen wahrscheinlicher, die zum Stereotyp passen. Nachgewiesen sind zum Beispiel Leistungseinbußen in Gedächtnis oder körperlicher Fitness, wenn die jeweiligen Altenstereotype aktiviert werden. Anders ausgedrückt: Wer daran erinnert wird, dass alte Menschen vergesslich werden, zeigt in der Folge bei passenden Aufgaben ein schlechteres Gedächtnis.

Dramatischer noch werden die langfristigen Wirkungen negativer Altersbilder: Wer ein negatives Altersbild hat, sorgt schon als junger Mensch weniger für sein Alter vor und trifft auch als alter Mensch weniger gesundheitsbewußte Entscheidungen. Positive Altersbilder wirken dagegen motivierend und stressreduzierend. Die kausale Rolle der Altersbilder an diesen Zusammenhängen ist nachgewiesen.

Allerdings gibt es nicht ein einheitliches Altersstereotyp, sondern viele. Altersbilder gelten kontextspezifisch. In der Außen- und Selbstwahrnehmung gilt ein Mensch zum Beispiel im familiären Kontext viel später als „alt" als im beruflichen Kontext. Auch werden negative Altersbilder nicht aktiviert, wenn der entsprechende Kontext nicht passt: Zum Beispiel mag Langsamkeit zum Altenstereotyp gehören, es wird aber auf eine konkrete alte Person nicht angewendet, solange zum Beispiel Familie oder Gartenpflege den Kontext bilden. Erst eine Aufgabe wie das Überqueren einer Straße aktivieren auch dieses Element des Altenstereotyps. Ebenso beeinflusst das Stereotyp des vergesslichen Alten nur die Leistung in Gedächtnisaufgaben, nicht aber in Sportübungen.

Die volle Bedeutung und der volle Umfang der tatsächlich wirksamen Altersbilder zeigt sich erst, wenn die dominanten Kontexte „Leistung" und „Gesundheit" verlassen und weitere Zusammenhänge hinzugezogen werden.

Die Zunahme an Freizeit zählt zu den positiven Aspekten des eigenen Altersbildes. Für Menschen im höheren Erwachsenenalter sind die positiven Erwartungen eher mit der Zunahme von Genuss und Muße verbunden. Dagegen scheinen junge Erwachsene noch stärker durch die Möglichkeit zu einem aktiven, gesellschaftlich engagierten Alter motiviert zu werden.

Medial vermittelte Altersbilder können das Alters-Selbstbild positiv prägen. Dies sollten sie aber – mit Rücksicht auf die zitierte Depot-Wirkung von Altersbildern – bereits jungen Adressaten gegenüber tun. Zudem ist mit einer Auflösung eines bereits bestehenden Stereotyps nur zu rechnen, wenn Gegenbeispiele als normal und typisch, nicht jedoch wenn sie extrem erscheinen.

Generelle Empfehlungen an das Marketing gehen dahin, in Werbung und Produktgestaltung möglichst wenig zu diskriminieren. Dies bedeutet in der Regel, Produkte aus der Perspektive älterer Nutzer zu gestalten, da hier mit einer hohen Akzeptanz auch in jüngeren Nutzergruppen gerechnet wird.

Desiderate und Forschungslücken: Dass die Vermittlung von Altersbildern direkte Verhaltenswirkung haben, ist in einem strengen kausalen Sinn bislang vor allem in Laborstudien gezeigt worden. Die Verallgemeinerung dieser Befunde auf medial vermittelte Altersbilder ist zwar sehr naheliegend, entsprechende Zusammenhänge sollten aber auch außerhalb des Labors überprüft werden.

Die generelle Erwartung lautet, dass jüngere Konsumenten sehr viel eher Produkte akzeptieren, die vor allem für ältere gemacht sind als umgekehrt. Hier wäre zu prüfen, wie weit diese Regel gilt und wo sich Ausnahmen finden.

Die Kontextspezifität von Altersbildern lässt erwarten, dass Werbung und andere Informationen unterschiedlich motivieren, je nachdem in welchen Kontext die Botschaft gestellt und welches Altersbild damit angesprochen wird. Ein Vergleich unterschiedlicher Kommunikationsstrategien und eine Einschätzung der unterschiedlichen Wirksamkeit liegt aber noch nicht vor.

Eine weitere Forschungsfrage betrifft die Abhängigkeit unterschiedlicher Konsumhandlungen von Altersbildern und –stereotypen. Viele Konsumhandlungen werden wahrscheinlicher, wenn ein passendes Selbstbild vorliegt. Zum Beispiel dürften die Nutzung von Internet oder Gesundheitsvorsorge davon abhängen, ob sich die betreffenden Personen entsprechende Kompetenzen und Kontrolle zutrauen. Hier wäre die Frage, ob nicht auch andere Selbstbildkomponenten jenseits der Kompetenz- und Leistungsdimension verhaltenswirksam werden.

Konsumpsychologisch relevante Veränderungen im Alter

4

Das folgende Kapitel betrachtet Veränderungen im Alter, die für das Konsumverhalten relevant und wissenschaftlich abgesichert sind. Ein Schwerpunkt wird auf den kognitiven und affektiven Veränderungen liegen. Veränderungen in Sensorik oder Motorik sind selbstverständlich auch relevant und würden in weiterführenden Arbeiten sicherlich eine Betrachtung verdienen (siehe hierzu auch Exkurs 3).

Beispiele für die Konsumrelevanz von sensorischen Alterserscheinungen bieten etwa die Sinnesmodalitäten Gehör und Geschmack. Schwerhörigkeit nimmt im Alter zu und hier stellt sich die Frage, inwieweit die immerhin möglichen Kompensationen durch Hörgeräte überhaupt genutzt werden. Wir werden uns mit dieser Frage im Zusammenhang mit dem Thema Technologienutzung noch einmal beschäftigen (5.3).

Exkurs 3: Sehvermögen und Motorik bei der Nutzung von Fernbedienungen
Nachlassende Fähigkeiten in Sehvermögen und Motorik sind Themen, die beim Produktdesign betrachtet werden. Charness, Champion und Yordon (2010) berichten von Untersuchungen zur Entwicklung von Fernbedienungen. Für solche Untersuchungen werden mathematische Modelle herangezogen, die unterschiedliche Komponenten in der Bedienung voneinander isolieren. So zeigen zum Beispiel Experimente mit unterschiedlichen Designs für Fernbedienungen, dass die Schnelligkeit in der Bedienung für ältere und jüngere Nutzer in erster Linie von der Motorik, und deutlich weniger von der visuellen Aufmerksamkeit abhängt: Ältere Nutzer sind in der visuellen Erfassung bei der Bedienung nur unwesentlich langsamer als jüngere (15 %). In der späteren motorischen Reaktion allerdings liegen die Verzögerungen zwischen 70 und 100 Prozent. Nach diesen Befunden wären es also weniger nachlassende visuelle Fähigkeiten als vielmehr die Motorik, die eine schnelle Bedienung behindert.
Interessant ist auch ein weiterer Befund, den Charness et al. (2010, S. 264) zitieren: Im Vergleich unterschiedlicher Designs von Fernbedienungen gab es zwar in der Tat sichtbare Unterschiede in der leichten Handhabung. Allerdings waren diese Unterschiede für ältere und jüngere Nutzer die gleichen. Jüngere Bediener sind schneller und effizienter in

© Springer Fachmedien Wiesbaden GmbH 2018
G. Felser, *Konsum im Alter*,
https://doi.org/10.1007/978-3-658-20243-9_4

der Bedienung als ältere und bestimmte Designs erlauben eine schnellere und effizientere Bedienung als andere. Diese Unterschiede bestehen unabhängig voneinander. Anders ausgedrückt: Was für ältere Nutzer besser ist, ist es auch für jüngere.

Ein erstaunlich vernachlässigtes Thema ist die im Alter nachlassende Sensibilität für Geruchs- und Geschmacksreize (z.B. Croy, Nordin & Hummel, 2014). Für den Konsum kann das vielerlei bedeuten. In „milder" Form, die bereits ab einem Alter von 50 Jahren ein Viertel der Bevölkerung betrifft (Hüttenbrink, Hummel, Berg, Gasser & Hähner, 2013), beeinträchtigt die nachlassende Geschmackssensibilität den Genuss beim Essen. Dem kann durch angepasste Zubereitung der Speisen noch abgeholfen werden. Bei völliger Anosmie, von der immerhin fünf Prozent der Gesamtbevölkerung betroffen ist (Hüttenbrink et al, 2013), gelingt die Differenzierung von Nahrung und Getränken überhaupt nicht mehr, was gravierende Folgen für die (gesunde) Ernährung haben kann. Zudem sind natürlich auch Hygiene und Körperpflege beeinträchtigt, wenn Gerüche nicht mehr richtig wahrgenommen werden.

Die genannten Beispiele unterstreichen noch einmal, dass altersbedingte Veränderungen in Kognitionen, kognitiven Fähigkeiten oder Affekten nicht die einzigen Entwicklungen sind, die für das Konsumverhalten in höheren Alter relevant sind – auch wenn sie sicher am häufigsten und ausführlichsten untersucht werden (z.b. Bieri, Florack & Scarabis, 2006; Drolet, Schwarz & Yoon, 2010).

4.1   Kognitive Veränderungen im Alter

Kognitive Veränderungen im Alter haben mindestens in zweierlei Weise Auswirkungen auf das Konsumverhalten: Zum einen beeinflussen sie die Art, wie Konsumentinnen und Konsumenten zu Entscheidungen kommen. Zum anderen bestimmen sie aber auch Produktpräferenzen – etwa indem Produkte an Bedeutung gewinnen, die zu den kognitiven Veränderungen im Alter passen. Im gegebenen Zusammenhang interessieren zunächst die grundlegenden Veränderungen unabhängig von Inhalten oder Produktpräferenzen.

4.1.1   Fluide Intelligenz und loss of inhibition

Fähigkeiten und Tätigkeiten, die auf die sogenannte fluide Intelligenz (im Sinne von Cattell, 1963) angewiesen sind, erleiden im Alter erkennbare Beeinträchtigungen (Bruine de Bruin, Parker & Fischhoff, 2012). Als fluide Intelligenz

werden vor allem abstrakte, vom Gegenstand und Erfahrungen weitgehend los-
gelöste Fertigkeiten gezählt. Darunter fällt zum Beispiel das flexible schlussfolgernde Denken, die Schnelligkeit der Informationsverarbeitung, der Umgang
mit komplexen, unvertrauten und vieldeutigen Informationen sowie die kognitive Kontrolle und (Aufmerksamkeits-)Regulation (Gutchess, 2010, S. 4; Zacks,
Hasher & Li, 2000).

Beispiele für die im Alter beeinträchtigte kognitive Kontrolle und Regulation
betreffen zum einen die Fähigkeit, mehrere Informationen gleichzeitig zu verarbeiten, zum anderen die Fähigkeit irrelevante Information aus der Aufmerksamkeit auszublenden und zu unterdrücken. Letzteres ist in der Literatur als „loss of
inhibition" (Hasher & Zacks, 1988) bekannt geworden.

Der loss of Inhibition ist vermutlich eine der folgenreichsten kognitiven Veränderungen im Alter – zumindest im nicht-pathologischen Bereich. Er besteht einerseits in einer erhöhten Ablenkbarkeit in Aufgaben, die Konzentration erfordern.
Je älter Konsumenten werden, desto schwieriger und unangenehmer wird es für
sie zum Beispiel, in lauten, verrauschten und von Reizen überfluteten Umgebungen nachzudenken und Entscheidungen zu treffen.

Andererseits beeinträchtigt der loss of inhibition auch die Gedächtnisleistung,
allerdings in einer komplexen Weise. Healy, Hasher und Campbell (2013) präsentierten älteren und jüngeren Probanden (mittleres Alter 68,5 bzw. 19,5 Jahre)
Wortlisten, die unter anderem orthographisch ähnliche Paare enthielten (z.B.
„Allergie"/„Analogie"). Nachfolgend sollten die Probanden Wortfragmente zu
einem sinnvollen Wort ergänzen. Hierbei konnte aber jeweils nur einer der beiden Paarlinge zu einer Lösung genutzt werden, der andere war für die Lösung
nutzlos. Für jüngere Probanden führte diese Aufgabe dazu, dass der „nutzlose"
Paarling wirksam unterdrückt wurde und auch bei Nachfolgeaufgaben deutlich
seltener assoziiert wurde. Bei älteren Probanden dagegen blieb der eigentlich irrelevante Stimulus dauerhaft aktiv und wurde auch in weiteren Aufgaben bevorzugt
abgerufen. Allem Anschein nach haben ältere Menschen also eine Tendenz, eine
ganze Reihe von verwandten Informationen gleichzeitig zu aktivieren – was unter
bestimmten Umständen vielleicht sogar ein Vorteil ist. Gerade Konsumentscheidungen können ja durchaus davon profitieren, dass die Entscheider eine Vielzahl
von Informationen assoziieren.

Die Vielzahl wird aber andererseits wieder erschweren, unter mehreren kon-
kurrierenden Informationen die richtige herauszufinden. Forschungen zu intui-
tiven Entscheidungen (z.B. Wilson & Schooler, 1993; Wilson, Lisle, Schooler,
Hodges, Klaaren & LaFleur, 1993) legen nahe, dass die wichtigen und für die
eigene Zufriedenheit besonders relevanten Informationen zu den ersten zählt,
die bei einer Entscheidung in den Sinn kommen. Das Generieren von weiteren

Informationen führt oft dazu, dass nebensächliche Aspekte einer Entscheidung zu viel Gewicht erhalten und damit eine weniger zufriedenstellende Entscheidung getroffen wird. Diese Hypothese wäre allerdings noch zu prüfen.

Zudem beeinträchtigt das Aktivieren irrelevanter Information natürlich das Erinnerungsvermögen, denn eine genaue Erinnerung hängt unter anderem davon ab, dass Menschen unter mehreren sich anbietenden Informationen die richtige herausfinden.

Insgesamt scheint die Befundlage zu kognitiven Veränderungen nicht so sehr für einen generellen, sondern eher für einen spezifischen Abbau von Fähigkeiten zu sprechen. Bekannt und erwartbar ist zum Beispiel die bis ins hohe Alter, mindestens jedoch bis ins achte Lebensjahrzehnt mögliche Zunahme an Wissen (z.B. Gutchess, 2010, S. 4) und Erfahrung. Diese Fähigkeiten repräsentieren die sogenannte kristalline Intelligenz und werden von der bislang betrachteten fluiden unterschieden (Cattell, 1963). Die kristalline Intelligenz repräsentiert die angesammelten und gleichsam „verfestigten" Wissensinhalte, die mit dem Alter nicht geringer werden.

Das folgende konsumpsychologische Beispiel illustriert, wie spezifisch die altersbedingten kognitiven Defizite in kristallinen und fluiden Fähigkeitsbereichen zu verstehen sind: Castel (2005) präsentierte seinen Probanden 40 Preise für Lebensmittel. In einem späteren Erinnerungstest sollten die Teilnehmer die Preise wiedergeben. Dabei fanden sich eine bessere Erinnerungsleistung bei jüngeren (im Durchschnitt 20 Jahre) im Vergleich zu älteren (im Durchschnitt 70 Jahre) Teilnehmern. Dies galt aber nur für unrealistische Preise. Der Unterschied verschwand völlig, wenn die Produkte marktübliche, plausible Preise hatten.

Dieser Befund zeigt zweierlei: Zum einen gibt es anscheinend eine ganze Reihe von Situationen, in denen sich vorhandene altersbedingte Defizite erst einmal nicht niederschlagen und in denen kein Problemdruck entsteht. Die entscheidende Kompensation kommt im genannten Beispiel aus der Möglichkeit, die Preiswahrnehmung mit dem (vom Alter nicht beeinträchtigten) Vorwissen zu verbinden und in einen sinnvollen Kontext zu stellen. Eventuelle kognitive Nachteile können hier vollständig ausgeglichen werden.

Allerdings darf darüber nicht vergessen werden, dass für diese Kompensation natürlich eine entsprechende Wissensbasis vorhanden sein muss. Absurde Preise muss man sich nicht merken, weil sie eben in der Realität nicht (oder jedenfalls selten) vorkommen. Das Vorwissen gewährleistet hier, dass man sich nur merkt, was auch realistisch und plausibel ist. In unvertrauten Umgebungen besteht aber dieses Vorwissen nicht. Wer nicht weiß, welche technischen Daten für den Prozessor eines Rechners plausibel sind und welche nicht, kann natürlich nicht eventuelle Erinnerungslücken an die genauen Werte durch die Verknüpfung mit

Vorwissen ausgleichen. In diesen Fällen dürfte sich weiterhin ein starker Vorteil von jüngeren gegenüber älteren Konsumentinnen und Konsumenten zeigen.

4.1.2 Alterstypische Entwicklungen in Gedächtnisprozessen und Erinnerungsvermögen

Die oben angedeutete Überlegung führt zum zweiten Punkt, den die Ergebnisse von Castel (2005) illustrieren: Im Alter wächst der Anteil an Erinnerungen, die nur den wesentlichen Kern einer Information oder vorangegangenen Episode enthalten. Erinnerungen werden dazu stärker in einen sinnvollen Kontext gestellt und durch Schlussfolgerungen angereichert (z.B. Schacter, Koutstaal, Johnson, Gross & Angell, 1997). In jüngeren Jahren wird diese Form des Erinnerns ebenfalls eingesetzt, aber der Anteil an präzisen, weitgehend kontextfreien Erinnerungen ist unter Jüngeren deutlich höher (Koutstaal, 2006). Dem entsprechend fand Castel (2005), dass ältere Probanden sich genauso gut wie jüngere merken konnten, dass etwa eine Eiscreme mit $ 17,59 viel zu teuer ist, dass aber die Erinnerung an den exakten Preis bei jüngeren besser ausfiel.

Es gibt viele Lebenslagen, in denen das nur ungefähre Erinnern von Sachverhalten unproblematisch ist, ja sogar gegenüber einer exakten Erinnerung die überlegene Strategie darstellt. Zum Beispiel ist für die Entscheidung, welches Produkt aus einer Menge das billigste ist, meistens keine exakte Erinnerung nötig. Im Gegenteil dürfte der Versuch einer exakten Erinnerung die erforderlichen mentalen Prozesse nur verkomplizieren und die Entscheidung verlangsamen (z.B. Reder, 1982). Exakte Erinnerungen, in denen es nicht um den Inhalt, sondern um den genauen Wortlaut einer Aussage geht, sind im alltäglichen Leben nur selten gefordert (eine alles andere als alltägliche Ausnahme bildet etwa der Zeugenstand).

Daher finden zum Beispiel Flores, Hargis, McGillivray, Friedman und Castela (2017) keine Altersunterschiede bei der Aufgabe, innerhalb von Produkten, die im gleichen Kontext und in kurzer Folge präsentiert wurden, das billigste herauszufinden. Hier bilden nach Ansicht der Autoren ältere wie jüngere Probanden nur grobe Repräsentationen der Zahlenwerte, um zu ihrem Urteil zu kommen. Ein Altersunterschied (Altersmittelwert von 21 vs. 77 Jahren) zeigte sich allerdings, wenn die Kontexte stärker variierten und die Produkte zu unterschiedlichen Zeiten präsentiert wurden. Hier war eine einfache „größer-kleiner"-Repräsentation für das Urteil nicht mehr ausreichend und die Frage musste aus der exakten Erinnerung heraus beantwortet werden. Ältere Personen haben hierin einen deutlichen Nachteil (z.B. Schacter et al., 1997).

Eine theoretische Erklärung für die Wirksamkeit von „Neuner-Preisen" ist, dass diese bei nicht exakter Erinnerung zu niedrig rekonstruiert werden. Es wird angenommen, dass vom Preis die äußere linke Ziffer größere Aufmerksamkeit bekommt als spätere. Im Abruf wird vor allem diese erinnert, während die anderen Ziffern nur nach Plausibilität ergänzt werden. Unter dieser Annahme sind Preise, die auf Neun enden, im Vorteil, weil bei ihnen jede falsche Rekonstruktion der letzten Ziffer automatisch auf eine Unterschätzung hinausläuft. Bestätigung findet diese Annahme in dem Befund, dass Neuner-Preise vor allem dann billig wirken, wenn eine Erhöhung um eine Einheit in der letzten Neun auch die äußerste linke Ziffer erhöht. Mit anderen Worten € 29,90 wirkt im Vergleich mit € 30,00 billiger als € 24,90 im Vergleich mit € 25,00 (für einen Überblick siehe Felser, 2015a, S. 398ff; Schindler, 1994; Thomas & Morwitz, 2005).

Dieses Phänomen beruht also darauf, dass Menschen sich nicht exakt erinnern, sondern entsprechende Inhalte rekonstruieren. Nach den dargestellten Befunden müsste die Unterschätzung von Neuner-Preisen (bzw. deren Einschätzung als „preisgünstig") für ältere Konsumentinnen und Konsumenten stärker ausfallen als für jüngere. Diese Annahme wäre noch zu prüfen.

Die Zunahme an konstruktiven Anteilen der Erinnerung führt auch dazu, dass Gedächtniseinbußen im Alter bei freiem Erinnern größer sind als bei gestützter Erinnerung. Man darf daher erwarten, dass bei hinreichender Ausstattung mit Hinweisreizen (z.B. Displaymaterial am Point of Sale) die Unterschiede zwischen älteren und jüngeren Konsumenten weitgehend neutralisiert werden können (vgl. auch Roedder John & Cole, 1986).

Allerdings führen die zunehmend konstruktiven Anteile der Erinnerung auch gleichzeitig zu einer höheren Beeinflussbarkeit: Wenn nicht exakt erinnerte Informationen durch plausible Inhalte ergänzt werden, ist es deutlich einfacher jemandem einzureden, sie oder er sei einer bestimmten Information schon einmal begegnet. Täuschungen und Manipulationen dieser Art sind um so wahrscheinlicher, wenn die eigentlich falschen Inhalte ein Schemabild bedienen, also mit Vorwissen verbunden werden können, wenn sie Teil einer Geschichte sind oder wenn sie hoch erwünscht (wenn auch falsch) sind (für einen Überblick siehe Felser, 2015a, S. 289ff).

Es ist ohnehin wahrscheinlicher, dass Menschen einen eigentlich falschen Inhalt für wahr halten als umgekehrt (z.B. Gilbert, Krull & Malone, 1990). Diese Urteilsverzerrung findet sich unabhängig vom Alter. Die Manipulationsmöglichkeiten nehmen aber mit dem Alter zu, wenn die falschen Inhalte die oben beschriebenen Eigenschaften haben (z.B. Passung zu einem Schema, Geschichtenform, hohe Erwünschtheit…). Dies ist wie gesagt eine Folge der zunehmenden Konstruktion von Erinnerungsinhalten.

Eine falsche Aussage wird also leichter für wahr gehalten als umgekehrt eine wahre für falsch. Eine Korrektur der falschen Information, also der klare Hinweis darauf, dass sie falsch ist, hilft oft nur wenig, insbesondere dann, wenn die Informationen nur beiläufig und ohne große Konzentration aufgenommen wurden (Gilbert et al., 1990) – was bei Werbeinformationen die Regel sein dürfte.

Skurnik, Yoon, Park und Schwarz (2005) spitzen dieses Befundmuster weiter zu. Sie zeigen, dass falsche Informationen für wahr gehalten werden, nicht *obwohl*, sondern gerade *weil* sie dementiert wurden. Sie präsentierten ihren Probanden Aussagen über Produkte (z.B. „Aspirin greift den Zahnschmelz an"), die in einem späteren Durchgang als wahr oder falsch klassifiziert wurden. Je häufiger allerdings eine falsche Behauptung dementiert wurde, desto größer wurde die Bereitschaft der Probanden, sie in einer späteren Messung als wahr zu akzeptieren. Dies erklären die Autoren mit der erhöhten Verarbeitungsflüssigkeit der dementierten Information: Mit jeder weiteren Erwähnung verstärkt sich das Vorstellungsbild und erhöht sich daher die Verarbeitungsflüssigkeit.

Hohe Verarbeitungsflüssigkeit sorgt auch in anderer Form für Plausibilität. Informationen, die deutlich gesprochen werden oder gut lesbar sind, werden ebenfalls leichter geglaubt (Schwarz, 2004). Mit den Ergebnissen von Skurnik et al. (2004) hat die Werbung sogar dann eine Chance, wenn sie eine übertriebene Behauptung zurücknehmen soll. Dieser Effekt galt nur für ältere Probanden (im Alter zwischen 71 und 86 Jahren), bei einer jüngeren Teilstichprobe (zwischen 18 und 25 Jahre) blieb er aus. Die Befunde von Skurnik et al. (2005) zeigen, dass Warnhinweise und Dementis fatale Nebenfolgen haben können: Je häufiger sie wiederholt werden, desto größer ist das Risiko, dass Personen genau das glauben und akzeptieren, wovor doch gerade gewarnt und was dementiert wurde. Für ältere Konsumentinnen und Konsumenten ist dieser Effekt besonders gravierend. Dies erklären Skurnik et al. (2005) mit der im Alter nachlassenden Fähigkeit, zusätzlich zu der Information auch den Kontext zu speichern, in dem man der Information begegnet ist.

Diese altersbedingte Veränderung im Erinnerungsvermögen muss besonders betont werden, denn sie verstärkt die beschriebenen Effekte: Mit dem Alter nimmt die Fähigkeit ab, den genauen Kontext zu erinnern, in dem man einer Information begegnet ist, während die Erinnerung an die Information selbst weniger durch das Alter beeinträchtigt wird. Diese Beobachtung lässt sich mit der Unterscheidung des semantischen vom episodischen Gedächtnis gut illustrieren. Das semantische Gedächtnis umfasst Inhalte, die von der eigenen Person unabhängig sind, während das episodische Gedächtnis nur selbst Erlebtes enthält (zu der Unterscheidung siehe Wentura & Frings, 2013). Hierzu kann das autobiographische Gedächtnis gehören (das allem Anschein nach sehr unterschiedlich vom

Altersabbau betroffen ist). Hierzu gehören aber eben auch Erinnerungen an die konkrete eigene Begegnung mit einer Information. Einfach gesagt: Menschen erinnern sich oft noch, was gesagt wurde, aber nicht mehr, wer es gesagt hat (semantische Erinnerung intakt, episodische gestört) oder sie erinnern noch, wo etwas im Buch gestanden hat, aber nicht, was es war (episodische Erinnerung intakt, semantische gestört – fatal, wenn auch für die meisten Menschen besonders vertraut in Klausuren).

Über die Zeit werden beide Erinnerungsinhalte entflochten – dies ist eine Erklärung für den sogenannten Schläfer-Effekt (z.B. Felser, 2015a, S. 281 und S. 304). Der Schläfer-Effekt besteht darin, dass Informationen aus unglaubwürdiger Quelle über die Zeit hinweg plausibler erscheinen (aber auch umgekehrt Informationen aus glaubwürdiger Quelle mit der Zeit weniger glaubwürdig erscheinen, Hovland & Weiss, 1951). Die Quelle ist ein typischer episodischer Gedächtnisinhalt und bei nachlassendem episodischem Gedächtnis dürfte also die Anfälligkeit für den Schläfer-Effekt mit dem Alter ansteigen.

Generell jedenfalls profitiert eine Information bereits von der bloßen Wiederholung, die unabhängig vom tatsächlichen Wahrheitsgehalt bereits zur Wahrnehmung von Plausibilität führen. Dieser sogenannte Truth-Effekt (z.B. Hawkins & Hoch, 1992) ist ebenfalls für ältere Personen stärker als für jüngere. Law, Hawkins und Craik (1998) zeigen dies in Stichproben mit jüngeren (mittleres Alter 24,2 Jahre) und älteren Probanden (mittleres Alter 72,3 Jahre). Ältere Probanden hatten eine stärkere Tendenz, eine falsche Information bloß auf Grundlage ihrer Wiederholung für wahr zu halten als jüngere. Gleichzeitig hatten sie eine schlechtere (episodische) Erinnerung an den Kontext und die Quellen, aus denen die Information jeweils stammte.

Eine weitere altersbedingte Einschränkung der Gedächtnisleistung betrifft den Generierungseffekt: Üblicherweise werden Informationen, auf die man selbst gekommen ist, die man also selbst „generiert" hat, besser erinnert als Informationen, die von außen kommen (Slamecka & Graf, 1978). Dies macht es zu einer vorteilhaften Werbestrategie, Informationen anzudeuten und die Schlussfolgerungen dem Publikum zu überlassen. Allerdings wird dieser Generierungseffekt für ältere Rezipienten schwächer (Taconnat & Isingrini, 2004). Daher sollte Werbung für Ältere expliziter sein als für jüngere. Es empfiehlt sich, in der Werbung weniger Andeutungen zu machen und auch die Vorteile der Produktverwendung deutlich anzusprechen (Bieri et al., 2006).

Auch der Aufbau von Assoziationen ist im Alter eingeschränkt (für einen Überblick vgl. Bieri et al., 2006). So sind zum Beispiel ältere Probanden schlechter konditionierbar als jüngere (LaBar, Cook, Tropey, Welsh-Bohmer, 2004). Allerdings bestehen die Unterschiede vor allem in den bewusst ablaufenden

Teilen der Lernprozesse: LaBar et al. (2004) zeigen, dass die alterskorrelierten Effekte beim klassischen Konditionieren vor allem auf Einbußen im deklarativen, dem bewussten Teil des Gedächtnisses zurückgehen. Wie es scheint, sind aber unbewusst ablaufende Assoziationsprozesse weniger durch Alterung beeinträchtigt (vgl. auch Bieri et al., 2006). Ähnliche Befunde legen Ramponi, Richardson-Klavehn und Gardiner (2004) vor. Sie zeigen, dass ältere Probanden keine schwächeren Gedächtnisleistungen zeigen, wenn das Material nicht unter einer Gedächtnisinstruktion encodiert wurde, sondern mit der Aufforderung, die Silbenzahl zu beurteilen. Nach einer solchen Encodierungsepisode waren die Erinnerungsleistungen älterer Probanden in einem indirekten Gedächtnistest nicht schlechter als die von jüngeren.

In der Praxis laufen die zitierten Befunde darauf hinaus, dass die Gedächtnisleistungen von älteren und jüngeren Menschen deutlich weniger verschieden sind, wenn weder bei der Begegnung mit der Information (die „Encodierung"), noch beim Abruf bewußtes „Erinnern" oder bewußtes „Einprägen" gefordert ist. Ein Beispiel: Die Encodierungsepisode könnte ein Werbeplakat, ein Spot oder die Einblendung eines Banners auf dem Rechnerbildschirm sein. In keiner dieser Situation wird der Rezipient Interesse daran haben, sich diese Information zu merken, eher im Gegenteil. Die „Encodierung" geschieht also nur beiläufig. Die Abrufsituation wiederum könnte der Einkauf im Supermarkt sein, wo dann möglicherweise das Produkt mit höherer Wahrscheinlichkeit gewählt wird, wenn man ihm vorher schon einmal begegnet ist, als wenn man es zum ersten Mal sieht. Auch in dieser Situation besteht vermutlich keine Absicht, frühere Werbeinformationen zu erinnern. Die Absicht ist vielmehr, zum Beispiel ein neues Duschgel zu kaufen. Allerdings kann sich in dieser Aufgabe (Duschgel kaufen) eben zeigen, dass die frühere Begegnung mit dem Produkt – auch wenn man sich an sie nicht erinnert – einen Effekt hat, indem dieses Produkt nun mit höherer Wahrscheinlichkeit gewählt wird. Da hier also offenbar eine Erinnerung vorliegt, wenn auch nicht bewußt, bezeichnet man diese Effekte als „implizites Gedächtnis" oder „implizites Erinnern" (z.B. Felser, 2015a, S. 81ff). Wie die oben zitierten Befunde zeigen, sind die Altersunterschiede beim impliziten Erinnern deutlich geringer als beim expliziten.

Abschließend muss noch die Rolle des Metagedächtnisses diskutiert werden: Wir haben unterschiedliche Vorstellungen davon, wie unser Gedächtnis funktioniert, ob es gut oder schlecht ist, wovon es beeinträchtigt wird, was wir uns voraussichtlich merken werden und was nicht und was wir „eigentlich" wissen müßten und was nicht. Diese Vorstellungen ihrerseits haben wieder Einfluß, und zwar sowohl darauf, was wir uns merken werden und darauf, wie man unser Gedächtnis manipulieren kann (z.B. Fiedler, 2000; Schwarz, 2004).

Unsere Vorstellungen über unser Gedächtnis werden als „Metagedächtnis" bezeichnet. Hier sollen nur zwei Punkte angesprochen werden, in denen das Metagedächtnis für die Gedächtnisleistung im Alter eine Rolle spielt. Förster und Strack (1996) manipulierten einem Experiment das Metagedächtnis ihrer Probanden, indem sie einer Gruppe erklärten, dass Musik ihre Gedächtnisleistung verbessere, einer anderen jedoch einredeten, Musik werde ihre Erinnerungsleistung verschlechtern. Die Probanden sollten sich mit bestimmten Informationen beschäftigen, während dabei Musik lief. In späteren Erinnerungstests an diese Informationen wurden falsche Erinnerungen induziert. Hierbei war die „Verbesserer-Gruppe" weit weniger zu beeinflussen als die „Verschlechterer-Gruppe".

Insgesamt kann man sagen: Alles, was unser Vertrauen in unsere Gedächtnisleistung untergräbt, macht uns anfällig für äußere Beeinflussung. Die geringste Beeinflussbarkeit ist gegeben, wenn man von sich ohnehin schon glaubt, ein gutes Gedächtnis zu haben. Dann ist man weniger bereit anzunehmen, dass man an irgendeiner Stelle einen Erinnerungsfehler begeht. Man ist weniger von außen beeinflussbar.

Dies lässt sich älteren Menschen natürlich besonders leicht manipulativ ausnutzen. Ob berechtigt oder unberechtigt – das Altenstereotyp geht auf jeden Fall davon aus, dass wir im Alter ein schlechteres Gedächtnis haben. Und wenn man dieses Stereotyp auf sich selbst anwendet oder aber entsprechende Erfahrungen gemacht hat, mißtraut man seinem Gedächtnis und ist beeinflussbarer.

Auch im folgenden Beispiel wird das Metagedächtnis bedeutsam: Jacoby, Bishara, Hessels und Toth (2005) zeigen, dass ältere Menschen (im Durchschnittsalter von 75 Jahren) sich im Vergleich zu jüngeren (Durchschnittsalter 19 Jahre) etwa zehn Mal so häufig darüber täuschen, welcher Information sie schon einmal begegnet sind und welcher nicht. Der Fehler bestand auch hier darin, dass ältere Probanden eine eigentlich neue Information fälschlich als bekannt „wiedererkannten". Erneut zeigt sich als praktische Ableitung: Es ist erheblich einfacher, einem älteren Menschen „einzureden", sie oder er habe einem Punkt in einer Verhandlung zugestimmt oder sei von einem bestimmten Sachverhalt unterrichtet worden als einem jüngeren.

Die Arbeiten von Jacoby et al. (2005) zeigen nun, dass dieser Befund in erster Linie auf das Metagedächtnis zurückgeht: Das Zutrauen in das eigene Erinnerungsvermögen verursacht den Fehler. So hatten in einer der Studien die Probanden die Möglichkeit, eine Antwort auszulassen, wenn sie sich nicht sicher waren. Von dieser Möglichkeit machten jüngere Probanden häufiger Gebrauch als ältere – und vermieden auf diese Weise erfolgreich den Fehler, sich an Dinge zu „erinnern", die ihnen eigentlich neu waren.

Was Menschen von ihrem Gedächtnis glauben, macht sie also anfällig für Fehler. Dabei können zunächst gegensätzliche Ansichten über das Gedächtnis ganz ähnliche Konsequenzen haben: Sowohl die Vorstellung ein schlechtes, als auch die Ansicht, ein gutes Gedächtnis zu haben, können unter bestimmten Umständen zu Verzerrungen führen und können manipulativ ausgenutzt werden. Insofern liegt vermutlich der beste Schutz darin, halbwegs zutreffende Ansichten darüber zu haben, wie das eigene Gedächtnis funktioniert, was man sich besser aufschreiben sollte und wo Mißtrauen angezeigt ist.

4.2 Umgang mit Emotionen

Im Alter ändert sich auch der Umgang mit Emotionen. Insgesamt werden Emotionen wichtiger und das alltägliche Verhalten richtet sich verstärkt darauf aus, positive Emotionen zu erhalten und negative zu meiden. Aufmerksamkeit und Erinnerung fokussieren ebenfalls stärker auf Emotionen als z.b. auf Fakten. Mit anderen Worten: Ältere Menschen entnehmen mehr als jüngere einer Situation oder einer Nachricht die emotional relevanten Informationen. Dies geht auch auf Kosten der Erinnerung an Fakten, und da im allgemeinen Faktenwissen als Anzeichen für Gedächtnisleistung betrachtet wird, verstärkt dieser Effekt den Eindruck eines insgesamt nachlassenden Gedächtnisses im Alter (zusammenfassend z.B. Drolet, Lau-Gesk, Williams & Jeong, 2010, S. 53f).

Eine theoretische Erklärung für die wachsende Rolle von emotional relevanter Information basiert auf den bekannten Aufmerksamkeitsdefiziten des Alters: Wie schon gesagt (4.1.1) läßt mit dem Alter die Fähigkeit nach, irrelevante Informationen zu unterdrücken (Hasher & Zacks, 1988). Dies hat gravierende Konsequenzen für Konsumentscheidungen und für die allgemeine Beeinflussbarkeit. Der im Alter zunehmende Fokus auf Emotionen kann genau in diesem Sinne als eine Erscheinungsform dieses Aufmerksamkeitsdefizits gedeutet werden, nämlich dann, wenn man Emotionen als unwesentlich und für die meisten Entscheidung als nicht zielrelevant versteht. Viele Modelle der Persuasion tun dies: Emotionen gelten eher als „periphere" Merkmale einer Kommunikation (Petty & Cacioppo, 1986), die eher zu einer „heuristischen" als zu einer „systematischen" Verarbeitung einladen (Eagly & Chaiken, 1993).

Freilich kann man auch bezweifeln, dass Emotionen generell „nebensächlich" sind, gerade wenn es um Konsumverhalten geht. Immerhin ist doch die Mehrheit unser Konsumentscheidungen darauf gerichtet, unsere Affektbilanz zu optimieren, so dass es uns mit der Option, für die wir uns entscheiden, besser geht als ohne sie (z.B. Felser, 2015a).

Die Socioemotional Selectivity Theory (z.B. Carstensen, 1993) erklärt daher die Verschiebung des Fokus auf emotionale Inhalte deutlich anders: Die Theorie trifft zunächst Annahmen darüber, wie sich die Veränderung von Zielen über die Lebensspanne auswirkt. Wenn der subjektive Zeithorizont noch weit erscheint, sind persönliches Wachstum, Ansammlung von Gütern, Fähigkeiten und Wissen sowie Ausweitung des persönlichen Wirkungsraums charakteristisch für die eigenen Ziele. Bei geringer werdenden zeitlichen Reserven gewinnen Ziele an Gewicht, die eher emotionale Bedeutung haben: der Wunsch nach einem sinn- und bedeutungsvollen Leben, enger Kontakt zu wichtigen und geliebten Personen, soziale Einbindung. Diese Veränderung hängt zwar natürlicherweise mit dem Lebensalter zusammen, tatsächlich aber stellt sie sich immer ein, wenn der subjektive Zeithorizont sich verengt, auch in jüngeren Jahren.

Die Veränderung der Ziele führt zu Änderungen in Aufmerksamkeit und Informationsverarbeitung: Zum einen beachten ältere Menschen emotionale Informationen eher als jüngere, auch in der Werbung. Zudem steigt mit dem Alter die Wahrscheinlichkeit, positive Informationen zu suchen, zu verarbeiten und zu erinnern. Negative Informationen werden mit zunehmendem Alter immer oberflächlicher wahrgenommen (Carstensen, Mikels & Mather, 2006, S. 347ff). Zum Beispiel fixieren ältere Menschen Gesichter mit positiven Emotionen länger als Gesichter mit negativen – diese Bevorzugung findet sich bei jüngeren Menschen nicht (Isaacowitz, Wadlinger, Goren & Wilson, 2006). Auch die neurologische Aktivität in der Amygdala ist bei älteren Probanden stärker, wenn sie positive im Vergleich zu negativen Stimuli verarbeiten; bei jüngeren Probanden findet sich dieser Unterschied nicht (zit. n. Carstensen & Mikels, 2006, S. 119).

Ältere Menschen haben zudem bessere Fähigkeiten, ihre eigenen Emotionen zu verstehen und zu kontrollieren. Sie erleben dadurch soziale Situationen weniger stresshaft. Außerdem neigen sie eher zu passiven Emotionen wie Trauer – im Gegensatz zu aktiven wie Ärger. Diese Veränderung wird als Positivitätseffekt bezeichnet. Er hat auch Konsequenzen für die soziale Interaktion. Ältere Menschen sind beispielsweise eher als jüngere geneigt, ein Fehlverhalten zu entschuldigen (Ng & Feldmann, 2009, S. 1061). Sie sind allerdings auch eher bereit, Vertrauen zu fassen, was freilich einen Risikofaktor bildet und sie möglicherweise anfälliger für Betrugsdelikte macht. In diesem Sinne jedenfalls ist auch eine neurologische Studie von Castle et al. (2012) interpretiert worden (Görgen et al., S. 80f), der zufolge ältere Probanden schlechter zwischen vertrauenswürdigen und weniger vertrauenswürdigen Gesichtern differenzieren als jüngere.

Die Theorie behauptet, dass mit dem Alter Ziele immer wichtiger werden, die auch emotional bedeutsam sind. Hieraus lassen sich konkrete Werbeempfehlungen ableiten. Williams und Drolet (2005) zeigen, dass ältere Konsumenten (im

Altersbereich von 65 bis 98 Jahren, Median lag bei 69) im Vergleich zu jüngeren (19 bis 24 Jahre, Median 20) eine emotionale Werbung besser erinnerten und positiver bewerteten. Ebenfalls bevorzugt wurden Werbeargumente, in denen die emotionalen Effekte des Produktes betont wurden, in denen also gesagt wurde, dass das Produkt positive Emotionen verstärkt oder negative vermeidet.

Diese Effekte hingen im Wesentlichen vom subjektiven Zeithorizont ab: Sie verstärken sich für ältere, je kürzer diese ihre eigene Restlebenszeit wahrnehmen. Außerdem verschwinden die Unterschiede zwischen älteren und jüngeren Probanden, wenn auch die jüngeren mit Texten wie „Life is Short", „Savor the moment" oder „Focus on the moment and capture the emotion today" auf einen endlichen Zeithorizont eingestimmt werden (Williams & Drolet, 2005).

In einem vielzitierten Experiment von Fung und Carstensen (2003) wurden Probanden unterschiedlichen Alters mit Werbeanzeigen konfrontiert. Diese Anzeigen betonten entweder eher Emotionen oder persönliche Weiterentwicklung. So wurde für eine Kamera mit den Worten „Capture those special moments" (Emotionen bewahren) oder „Capture the unexplored world" (den eigenen Horizont erweitern) geworben. Eine Anzeige für eine Uhr warb entweder mit „Take time for the ones you love" (emotional) oder „Success is within reach" (leistungsbezogen).

Die emotionalen Inhalte wurden von älteren Probanden (zwei Stichproben im mittleren Alter von 65 bzw. 77 Jahren) stets positiver bewertet als die nicht emotionalen – bei jüngeren Probanden war das umgekehrt (zwei Stichproben im mittleren Alter von 26 bzw. 29 Jahren). In einem Rekognitionstest erinnerten sich jüngere Probanden besser an die nichtemotionalen Slogans, ältere dagegen besser an die emotionalen.

Auch hier war allerdings nicht so sehr das Alter der Probanden der entscheidende Faktor, sondern vor allem die subjektive Restlebenszeit. Daher verschwand der Unterschied zwischen älteren und jüngeren Konsumenten auch wieder, wenn die Gruppen vor ihren Urteilen folgende Instruktion erzielten: „Stellen Sie sich vor, Ihr Arzt hätte Sie über neue Fortschritte in der Medizin informiert, die Ihnen nahezu garantieren können, dass Sie 20 Jahre länger leben werden, als Sie bisher dachten." Unter dieser hypothetischen Annahme erweitert sich der subjektive Zeithorizont für alle Teilnehmer, und damit rücken auch für Ältere wieder Ziele des persönlichen Wachstums in den Vordergrund.

Die Befunde zum Positivitätseffekt passen sicherlich nicht zu den gängigen Altersstereotypen. Ebenso wenig sind sie mit dem Defizitmodell des Alterns verträglich. Sie unterstreichen auch den engen Zusammenhang zwischen kognitiven und emotionalen Anteilen der Informationsverarbeitung. Unter diesem Blickwinkel erscheinen auch bekannte und selbstverständlich erscheinende Altersunterschiede in Gedächtnisleistungen in einem anderen Licht. Wie bereits mehrfach gesagt (4.1.2) können sich ältere Menschen normalerweise an die Quelle von Informationen schlechter erinnern als jüngere. Dieser Unterschied verschwindet aber, wenn die Abrufschlüssel aus emotional relevanten Informationen der Situation bestehen (zit. n. Carstensen & Mikels, 2005, S. 118). In dem Experiment von Fung und Carstensen (2003) übertrafen die älteren Probanden sogar die jüngeren in ihrer Erinnerungsleistung, wenn es um die emotional relevanten Anzeigen ging.

Generell bestehen also durchaus nennenswerte Stärken des höheren Alters, sobald es eher um emotionale Inhalte geht. Im kognitiven Bereich erscheinen diese Stärken eher spezifisch und können andere Defizite nur unvollkommen aufwiegen. In anderen Bereichen allerdings, insbesondere im interpersonellen, sind die Stärken deutlich weniger spezifisch: Ältere zeigen überlegene Leistungen darin, Emotionen zu regulieren (also zu „beherrschen"), zu erkennen (im Sinne des populären Konzepts der „emotionalen Intelligenz") und in das alltägliche Verhalten, auch in den Umgang mit Fakten, zu integrieren (Drolet et al., 2010, S. 53).

4.3 Altersspezifische Entscheidungsstrategien

Mit dem Alter verändern sich Entscheidungsstrategien – auch im Konsumbereich. Hierzu liegt eine große, schwer zu überblickende Menge an Forschung vor (z.B. Hess, Strough & Löckenhoff, 2015). Ein Problem dieser Befundlage ist, dass viele psychologische Voraussetzungen für die veränderten Entscheidungsstrategien klar und gut gesichert sind, dass aber je nach Entscheidungssituation die unterschiedlichen Einflüsse sehr unterschiedliches Gewicht bekommen und daher aus den Voraussetzungen oft sehr Unterschiedliches und teils Widersprüchliches folgt.

Generell sind die Unterschiede zwischen älteren und jüngeren Entscheidern geringer, sobald es sich um vertraute Entscheidungssituationen handelt oder die Entscheidung für die eigene Person sehr relevant ist. Letzteres liegt vermutlich daran, dass Entscheidungen für die eigene Person von vornherein – vielleicht wegen einer besonderen Wichtigkeit – andere Entscheidungsstrategien provozieren, in denen sich dann die Altersgruppen weniger unterscheiden. Stärkere Alterseffekte zeigen sich bei unvertrauten Entscheidungssituationen. Dabei müssen die folgenden grundsätzlichen Einflüsse bei Entscheidungen im höheren Alter berücksichtigt werden (Überblicke z.B. in Carpenter & Yoon, 2015; Peters, 2010; Wood, Shinogle & McInnes, 2010):

- Stärkere Beachtung von positiven im Vergleich zu negativen Informationen (Positivitätseffekt; Positivity Bias),
- mit dem Alter zunehmende Neigung zu heuristischen Entscheidungsstrategien und zum Satisficing,

- Bildung von kleineren Consideration Sets bei älteren Entscheidern,
- schnelles Eliminieren von Optionen, sobald negative Informationen bekannt werden.

Der Positivitätseffekt ist oben mit seinen Auswirkungen auf Entscheidungen schon diskutiert worden (siehe Kapitel 4.3). Als heuristische Entscheidungen bezeichnet man Entscheidungen auf der Basis von Faustregeln, z.b. bei der Entscheidung einer Experten- oder der Mehrheitsmeinung zu folgen (Experten- bzw. Konsensheuristik), bei der Entscheidung Informationen, die leicht zu verarbeiten sind, zu bevorzugen (Verfügbarkeitsheuristik) oder bei der Wahl zwischen bekannten und unbekannten Optionen die bekannten zu bevorzugen (Rekognitionsheuristik, für einen Überblick siehe Felser, 2015a, S. 175ff).

Auf den ersten Blick könnten Entscheidungen auf der Basis von Heuristiken minderwertig erscheinen, lassen sie doch oft ganz bewußt relevante Informationen außen vor und nutzen meist nur wenige oder gar ein einziges Kriterium. Manche Heuristiken berücksichtigen nicht einmal die Eigenschaften der Optionen, etwa wenn man der Konsensheuristik folgt und einfach wählt, was andere auch wählen. Allerdings bewähren sich heuristische Entscheidungen meistens – genau deshalb nutzen Menschen sie ja. Außerdem zeigen sich manche Heuristiken einer systematischen Entscheidungsstrategie erstaunlich überlegen. Beeindruckend zeigten dies etwa Borges, Goldstein, Ortmann und Gigerenzer (1999) in Bezug auf Börsenentscheidungen. Aktienpakete, die von Börsenlaien nach dem einfachen Prinzip gebildet wurden: „Kenn ich, nehm ich", bewährten sich in ihrer Studie besser als Papiere, die von Börsenanalysten empfohlen wurden. Entscheidend war hierbei, dass Laien eben nicht alle an der Börse notierten Unternehmen kannten und daher mit Hilfe ihrer Strategie, der Rekognitionsheuristik, tatsächlich eine Auswahl treffen konnten. Experten, die alle Unternehmen kannten, konnten eine solche Strategie nicht anwenden und mussten auf andere, weniger effektive Strategien ausweichen – eben auf das, was Börsenexperten machen.

Es darf natürlich nicht verschwiegen werden, dass die Ergebnisse von Borges et al. (1999) auch angegriffen und jedenfalls kontrovers diskutiert wurden (z.B. Frings, Holling & Serwe, 2003). Unstrittig ist allerdings, dass heuristische Entscheidungen nicht per se bereits zu schlechteren Ergebnissen führen müssen als systematische.

Zudem sind manche Heuristiken auch geradezu empfehlenswert, wenn man mit dem Ergebnis seiner Entscheidung zufrieden sein möchte. Dunn, Gilbert und Wilson (2011) diskutieren den Zusammenhang zwischen Geld, Konsum und Glück. Sie argumentieren, dass es durchaus Konsumhandlungen und Arten des Geldausgebens gibt, die Menschen glücklich machen. Unter dem Titel „If money doesn't make you happy, then you probably aren't spending it right" geben sie mehrere wissenschaftlich fundierte Empfehlungen für ein Konsumverhalten, das auch zufriedenstellt. Eine dieser Empfehlungen lautet, Konsumentscheidungen anderer zu imitieren (also auf Basis der „Konsensheuristik" zu entscheiden), weil dies erfahrungsgemäß eher zu einem zufriedenstellenden Ergebnis führt, als wenn man wählt, was kein anderer wählt.

Den selben Vorteil hat die Satisficing-Strategie, die offenbar ebenfalls mit höherem Alter verstärkt eingesetzt wird. Diese Strategie besteht darin, nicht die bestmögliche, sondern „nur" eine zufriedenstellende Option zu wählen. Praktisch kann das bedeuten, dass ein Entscheider seine Suche nach Optionen abbricht, sobald ihm die erste begegnet, die sein Anspruchsniveau erfüllt. Wer zum Beispiel eine Wohnung sucht, die ebenerdig und in ruhiger Gegend gelegen ist und zudem nicht mehr als den Betrag X kostet, der bricht beim Satisficing seine Suche ab, sobald er die erste Wohnung findet, die diese Eigenschaften hat. Dass es allem Vermuten nach noch billigere oder noch besser gelegene Wohnungen gibt, ist dem Satisficer klar, aber da das Anspruchsniveau erfüllt ist, sieht er keinen Grund, die Entscheidung weiter zu optimieren. Diese Strategie ist zwar nicht nutzenmaximierend, aber sie stellt ebenfalls die Entscheider eher zufrieden als der Versuch, aus der Entscheidung das Bestmögliche herauszuholen (Schwartz, Ward, Monterosso, Lyubomirsky, White & Lehman, 2002).

Auch das Bilden kleiner Sets muss zunächst keine negativen Auswirkungen auf Entscheidungen haben. Iyengar und Lepper (2000) zeigen in einer vielbeachteten Arbeit, dass Menschen aus großen Sets weniger gern überhaupt wählen und, wenn sie gewählt haben, mit ihrer Wahl weniger zufrieden sind – jeweils im Vergleich zu kleinen Sets. Dieser „Too-Much-Choice-Effekt" tritt nicht immer auf, wenn viele Optionen zur Verfügung stehen (z.B. Scheibehenne, Greifeneder & Todd, 2009, 2010). Wood, Shinogle und McInnes (2010) prüfen in ihrer Analyse die Frage, ob das zu geringe Engagement älterer Menschen in Alters- und Gesundheitsvorsorge möglicherweise Folge einer Überforderung durch zu viele Optionen ist. Sie kommen zu dem Ergebnis, dass der „Too-Much-Choice-Effekt" hier keine dominante Rolle spielt. Gleichwohl zeigt der Effekt, dass die Wahl aus einer verkleinerten Menge an Optionen ebenfalls nicht notwendig zu schlechteren Entscheidungen führen muss.

Gelegentlich tut sie das allerdings: Bei sequentiellen Entscheidungen, wenn Optionen und ihre Eigenschaften erst nacheinander und nicht gleichzeitig präsentiert werden, können zu kleine Mengen an Optionen dazu führen, dass die Schwelle zum Akzeptieren einer Option zu niedrig angesetzt und nicht die beste gewählt wird (Carpenter & Yoon, 2015, S. 356).

Aus den vorausgegangenen Argumenten wird schon deutlich, dass die alters-bedingten Veränderungen in Entscheidungsstrategien Nachteile wie Vorteile brin-gen können. Unabhängig von Randbedingungen wie etwa der Produktkategorie oder der Rolle von Erfahrung bei der Entscheidung lassen sich aus den bekann-ten Alterseffekten nur schwer Vorhersagen treffen. Altersbedingte Änderungen in Entscheidungsstrategien sind zudem reversibel. Zum Beispiel kann die Neigung zu heuristischen Entscheidungen überwunden werden. Auch ältere Entscheider wechseln die Strategie von einer heuristischen zu einer systematischen, wenn sie aufgefordert werden, die Gründe für eine Entscheidung zu erläutern (Carpenter & Yoon, 2015, S. 354).

Ein verbreitetes Stereotyp geht davon aus, dass ältere Konsumenten starr an ihren Einkaufsgewohnheiten festhalten (vgl. auch Kölzer, 1995). Dem widerspre-chen allerdings Befunde, nach denen ältere Konsumenten durchaus bereit sind, Marken zu wechseln, und jedenfalls nicht wesentlich geringere Variabilität in ihrer Produktwahl haben als jüngere (Uncles & Ehrenberg, 1990).

Die Behauptung, dass ältere Entscheider sehr viel mehr bewährte Marken wählen, scheint sich allerdings laut den Daten von Lambert-Pandraud, Laurent und Lapersonne (2005; siehe auch Carpenter & Yoon, 2015) zu bestätigen. Als Begründung kommen die oben genannten Effekte in Frage: Die stärkere Rolle von Emotionen bei Entscheidungen, die Neigung zu heuristischer Verarbeitung (Marken zu wählen ist eine Heuristik), die Neigung zum Satisficing (mit der Wahl der bekannten Marke erreicht man sein Anspruchsniveau) – und eben auch eine Abneigung gegenüber Veränderungen. Von diesen Gründen ist allerdings nur der letzte ein Teil des (negativen) Altersstereotyps.

4.4   Adaptive Ressourcen des alternden Menschen

Arbeiten über Seniorenmarketing beginnen in der Regel mit einer Diskussion der Einbußen und Defizite, die mit dem höheren Lebensalter einhergehen. Gleich-zeitig betonen diese Arbeiten dann aber auch, dass ältere Menschen mit ihrer Lebenssituation nicht unzufriedener sind als jüngere (siehe hierzu Exkurs 4) und sich zudem meist wesentlich jünger fühlen als sie tatsächlich sind (in der Gene-rali Altersstudie liegen die Differenzen zwischen sieben und zehn Jahren, siehe Generali Deutschland AG, 2017b, S. 29). Diese relativ hohe Zufriedenheit trotz Defiziten und Einbußen wird sogar als „Zufriedenheitsparadox" (Hofstätter, 1986; Staudinger, 2000) bezeichnet. Wie aber lässt sich das Paradox auflösen?

Exkurs 4: Lebenszufriedenheit der 65- bis 85-Jährigen
Die Generali Altersstudie 2017 (Generali Deutschland AG, 2017a) zieht in Bezug auf die
Lebenszufriedenheit im höheren Erwachsenenalter insgesamt eine positive Bilanz (S. 10ff).
Generell ist die Lebenszufriedenheit in der Altersgruppe der 65- bis 85-Jährigen sehr hoch.
Dies hängt eng mit Gesundheit und Vitalität zusammen. Hier haben sich die Einbrüche in
den letzten Jahren immer weiter ins hohe Alter verschoben. Ein weiterer befindlichkeitsre-
levanter Faktor ist auch das Haushaltseinkommen. Bei geringem Einkommen ist die Zufriedenheit niedriger. Enkelkinder zu haben und noch mehr in einer Partnerschaft zu leben,
gehen tendenziell ebenfalls mit höherer Zufriedenheit einher. Kinder und Enkel sind freilich eine wichtige Quelle für das Gefühl gebraucht zu werden, und wo dieses Gefühl fehlt,
ist auch das gesamte Wohlbefinden beeinträchtigt. Allerdings hat nur eine Minderheit das
Gefühl nicht gebraucht zu werden. Eine relative Mehrheit der Befragten gibt sogar an, dieses Gefühl überhaupt nicht zu kennen (S. 25).
    Der mit Abstand bedeutendste Faktor für die Zufriedenheit ist allerdings der Gesund-
heitszustand: „Keine andere Personengruppe ist mit dem eigenen Leben so unzufrieden wie
Ältere mit schlechtem Gesundheitszustand." (S. 11)
    Überdurchschnittlich Zufriedene sind dagegen häufiger noch ehrenamtlich engagiert oder
gar berufstätig. Hier stellt sich die Frage nach der Verursachungsrichtung: Neigen zufrie-
dene Menschen auch verstärkt dazu, sich zu engagieren und weiterhin beruflich tätig zu
sein oder bewirken und verstärken nicht vielleicht auch Engagement und Berufstätigkeit
die Zufriedenheit, die ohne dieses Verhalten geringer wäre?
    Interessanterweise schlägt sich auch die aktuelle politische Situation auf die Zufrieden-
heit nieder und könnte sogar einen leichten Rückgang in der allgemeinen Zufriedenheit
von 2013 bis 2017 erklären (S. 14f). Jedenfalls kommen in Interviews zur Lebenssituation älterer Menschen zunehmend auch politische Themen und Zukunftssorgen zur Sprache. Flüchtlingszustrom und zunehmender Rechtspopulismus werden ausdrücklich als
Gründe für Sorgen genannt. Die Zukunftssorgen betreffen natürlich häufig eher die Enkel
und nachkommende Generationen, gleichwohl ist dieser Aspekt eine wichtige Quelle der
Zufriedenheit, sei es über das Motiv der Generativität (also das Bedürfnis, etwas an andere
weiterzugeben), sei es über die empfundene Teilhabe an Menschen, Dingen und Werten,
die über die eigene Existenz hinaus Bestand haben.
    Die Generali Altersstudie differenziert ihre Befunde an vielen Stellen nach der sozialen
Schicht. Diese wurde aus einem Index aus den folgenden Merkmalen gebildet (siehe hierzu
Generali Deutschland AG, 2017a, S. 324):

• Einkommen
• Bildung
• (frühere) Berufstätigkeit (auch des Partners).

Die so bestimmte Schichtzugehörigkeit hängt mit vielen der betrachteten Merkmale zusammen, so auch mit der Zufriedenheit: Tendenziell ist die Zufriedenheit in niedrigeren sozialen Schichten auch geringer.
    Ein weiterer Aspekt der Befindlichkeit ist die Bewertung des bisherigen Lebens. Men-
schen sind um so zufriedener, je positiver sie ihr bisheriges Leben bewerten. Interessanterweise ist auch dieser Aspekt mit dem Einkommen korreliert: Personen mit geringerem
Einkommen stimmen auch häufiger der Aussage zu, dass sie viele Dinge in ihrem Leben
lieber anders gemacht hätten.

Der Blick auf die Zukunft ist selbstverständlich ebenfalls in hohem Grade zufrieden-
heitsrelevant. Hier spielen Gesundheit und Einkommen eine zentrale Rolle bei der Frage,
ob das Alter eher als Chance oder eher als Last gesehen wird (S. 19). Pläne für die Zukunft
beziehen sich oft auf den Erhalt der körperlichen und geistigen Fitness. Aber auch das
Bedürfnis, etwas an die jüngere Generation weiterzugeben (Generativität), spielt bei den
Zukunftsplänen eine wichtige Rolle (S. 22). Die genannten Zielvorstellungen bleiben auch
über die untersuchten Lebensalter relativ stabil und verlieren nicht an Bedeutung. Hierzu
gehören auch, z.B. „Zeit mit der Familie/mit Freunden verbringen" oder „Enkelkinder
aufwachsen sehen".

Andere Ziele werden dagegen mit dem Alter abgewertet. Den stärksten Abfall findet
man beim Ziel, viel zu reisen. Für 41 Prozent der 65- bis 69-Jährige ist dies noch ein Ziel,
im Altersbereich von 80 bis 85 ist dieser Wert auf 13 Prozent gefallen. Weitere Ziele mit
relativ starkem Abfall sind „Hobbies pflegen", „sich gesellschaftlich engagieren" und „das
Leben genießen".

In der Bewertung der Ziele finden sich zudem Hinweise auf einen besonders starken
Abfall in der Wertigkeit der Ziele ab dem 80. Lebensjahr. Während in den vorausgehen-
den fünf-Jahre-Intervallen die Ziele im Schnitt von einer Altersgruppe zur nächsten um 2,1
Prozentpunkte an Wertigkeit verlieren, liegt der durchschnittliche Abfall in vom Intervall
75–79 zum Altersbereich 80–85 bei 7,7 Prozentpunkten (zur Altersentwicklung der Zielori-
entierung siehe S. 24ff).

Ziele verlieren also generell im höheren Alter an Bedeutung, jedoch sinkt diese Bedeutung nicht etwa kontinuierlich: Der Übergang zum neunten Lebensjahrzehnt markiert auch
hier einen qualitativen Sprung (vgl. hierzu Abschnitt 2.1.2).

Neben der Veränderung in Zielorientierungen wurden in der Generali Altersstudie auch
Stimmung und Befindlichkeit der älteren Befragten erhoben. Interessanterweise zeigen sich
hier nicht im gleichen Ausmaß wie bei den Zielen diskontinuierliche Verläufe. Zum Beispiel nimmt die Zustimmung zu einer Aussage wie „Ich würde mich nicht als ‚alten Menschen' bezeichnen" von 65 bis 85 sehr kontinuierlich und erwartungsgemäß auch relativ
stark ab. Ebenso steigt der Ärger darüber, eingeschränkt zu sein und weniger machen zu
können als früher im selben Altersbereich.

Weniger drastische Verläufe finden sich bei den Aussagen „Ich fühle mich häufig
niedergeschlagen" und „Ich genieße das Leben", allerdings zeigt sich in ersterem eine
Zunahme in der Zustimmung (von 14 bis 23 Prozent) und in letzterem eine Abnahme (von
68 auf 51 Prozent, jeweils für den Altersberich 65 bis 85 Jahre).

Interessanterweise bleibt die Zustimmung zur Aussage „Ich bin ein optimistischer
Mensch" über den gesamten betrachteten Altersbereich auf einem hohen Niveau konstant
(zwischen 66 und 69 Prozent).

Insofern wiederholt sich bei dieser eher bewertungsbezogenen Variablengruppe nicht
das Bild, das bei den Zielen so auffällig war, nämlich die recht deutliche Veränderung beim
Übergang ins neunte Lebensjahrzehnt. Hier sprechen die Befunde eher für das im Text
zitierte „Zufriedenheitsparadox".

In den Daten zeigt sich auch, dass die Diskrepanz zwischen dem gefühlten und dem
tatsächlichen Alter von der ersten zur zweiten Generali-Studie (2012 bis 2017) um zwei
Jahre kleiner geworden ist (S. 29). Diese Entwicklung lässt sich nicht in dem Sinne interpretieren, dass heutige Alte sich auch eher alt fühlen. Sie spiegelt vermutlich eher eine
veränderte Bedeutung des gefühlten Alters: Vor vielen Jahren lag ein Alter von 80 noch in

biblischen Dimensionen, heute erreicht jeder Zweite eines Geburtsjahrgangs dieses Alter. Das lässt erwarten, dass man mit der Zeit den Zahlenwert des tatsächlichen Alters leichter akzeptiert.

Im Seniorenmarketing wird relativ selten die Frage berührt, wie Menschen ihre Zufriedenheit sichern. Dabei sind diese Strategien und Mechanismen durchaus erforscht, nur eben nicht im Marketing, sondern in der Alterns- und der Bewältigungsforschung. Problemlösung und Bewältigung im Lebenslauf kann man durch zwei unterschiedliche Strategien und Verhaltensmodi beschreiben:

Wenn einem jungen Menschen etwas nicht gelingt, wenn die Umwelt nicht so will, wie er, dann verstärkt er seine Anstrengungen, versucht es noch einmal und passt die Umwelt seinen Bedürfnissen an. Je älter ein Mensch aber wird, desto häufiger werden Fälle, wo das nicht mehr funktioniert. Im gesundheitlichen Bereich gar werden einige Hindernisse unüberwindlich, einige Einbußen sind unumkehrbar. Angesichts einer derart widerspenstigen Umwelt verzweifeln Menschen aber nicht. Statt dessen passen sie ihre Bedürfnisse an die Umwelt an, werten ab, was sie sowieso nicht haben können, wenden sich dem zu, was ebenfalls wichtig und gleichzeitig erreichbar ist oder sehen das Positive in Verlusten und Defiziten.

Im Laufe des Lebens verschieben sich die Gewichte bei den Anpassungsstrategien: Wenn sich unüberwindliche Hindernisse häufen, muss sich das Individuum häufiger an die Umstände anpassen, und damit gewinnen flexible Strategien an Bedeutung. Brandtstädter und Renner (1990) unterscheiden einen flexiblen und einen hartnäckigen Bewältigungsmodus. Sie können zeigen, dass die Neigung zur hartnäckigen Zielverfolgung mit dem Alter signifikant ab- und die Bereitschaft zur flexiblen Zielanpassung dagegen signifikant zunimmt.

Diese Befunde deuten darauf hin, dass - ganz entgegen dem Altersstereotyp - ältere Menschen keineswegs unflexibel werden. Flexibilität ist vielmehr ein zentrales Merkmal des höheren Lebensalters. Dies gilt jedenfalls, wenn man Flexibilität versteht als die Bereitschaft,

- sich anderen Dingen zuzuwenden, wenn eine Absicht nicht umzusetzen ist,
- in Verlusten und Einbußen auch einen Sinn zu sehen,
- unerreichbare Ziele abzuwerten oder
- die Bedingungen für erstrebenswerte Eigenschaften so umzudefinieren, dass ein positives Selbstbild aufrechterhalten wird.

Auch die Wahl von Vergleichsstandards kann zu diesen flexiblen Bewältigungsstilen gehören: Menschen fühlen sich normalerweise besser, wenn ihr aktueller

Zustand im Vergleich positiv ausfällt. Dies können wir erreichen, indem wir, um mit Arthur Schopenhauer zu sprechen, „öfter Die betrachten, welche schlimmer daran sind, als wir, denn Die, welche besser daran zu sein scheinen. Sogar wird, bei eingetretenen, wirklichen Übeln, uns den wirksamsten … Trost die Betrachtung größerer Leiden, als die unsrigen sind, gewähren, und nächstdem der Umgang mit solchen, die mit uns in demselben Falle sich befinden, den sociis malorum" (Schopenhauer, 1851, S. 410).

In der Tat bewährt sich ein solcher sozialer „Abwärtsvergleich" bei der Regulation des eigenen Wohlbefindens. So finden zum Beispiel Ryff und Essex (1993), dass Seniorinnen, die sich mit anderen verglichen, denen es schlechter ging als ihnen selbst, den Übergang ins Altersheim besser bewältigten als andere, die keine solchen Abwärtsvergleiche vornahmen. Auch der Vergleich mit sich selbst zu einer anderen Zeit kann das Wohlbefinden steigern, etwa wenn man sich bevorzugt an überstandene Krisen und gemeisterte Herausforderungen erinnert (Staudinger, 2000, S. 191).

Diese Überlegungen könnten für das Konsumentenverhalten bedeuten, dass ältere Personen auch hier flexibler sind, als man bisher angenommen hat. Zum Beispiel halten Flexible weniger starr an bestimmten Definitionen für Merkmale fest, die relevant für das Selbstkonzept sind. Mit diesen Strategien sind Menschen in der Lage, ein bedrohtes Selbstkonzept gegen Angriffe aus der Realität zu schützen und zu erhalten. Sie tun dies, indem sie den Einfluss dieser Angriffe auf zentrale Identitätselemente abschwächen und das Selbstbild sozusagen immunisieren.

Dieses Verhalten gewinnt im höheren Lebensalter an Gewicht (Brandtstädter & Greve, 1992). Wenn mir zum Beispiel Treppensteigen schwerer fällt und gleichzeitig mein Selbstbild das Merkmal „sportlich" enthält, dann ändere ich meine Definition von „sportlich" so, dass Treppensteigen darin ein geringes Gewicht bekommt. Wentura und Greve (1996) zeigen, dass dieser Mechanismus sehr automatisch und auch bei jüngeren Personen als Reaktion auf Bedrohungen einsetzt. Die Autoren konfrontierten ihre Probanden mit fingierten Rückmeldungen zu einem Intelligenztest. Diese Rückmeldungen enthielten jeweils ein einer bestimmten Unterfacette der Intelligenz schlechte Werte. In einem späteren Teil des Experiments zeigte sich bereits auf der Ebene von Reaktionszeiten, dass die Probanden in der Folge jeweils genau jene Intelligenzfacette, die nach der Rückmeldung bei ihnen angeblich schwächer ausgeprägt war, auch weniger eng mit dem Intelligenzbegriff assoziierten. Einfach ausgedrückt: Wer bemerkt, dass sein Gedächtnis nachlässt (und sich gleichzeitig für einigermaßen intelligent hält), entwickelt schon beinahe automatisch einen Intelligenzbegriff, nach dem das Gedächtnis für Intelligenz weniger zentral ist, als es vorher war.

Ähnlich ist wohl der generelle Befund zu verstehen, nach dem Menschen den eher negativ besetzten Begriff „alt" flexibel und unabhängig vom eigenen Alter immer Personen vorbehalten, die älter sind als sie selbst.

Werbung betont oft die Selbstbild-Relevanz bestimmter Konsumhandlungen: „Um cool (sportlich, eine gute Hausfrau et cetera) zu sein, musst du..." Nach den genannten Befunden ist allerdings zu erwarten, dass ältere Personen flexiblere Vorstellungen davon haben, wie cool, sportlich oder eine gute Hausfrau definiert sind (nämlich so, dass sie selbst noch darunter fallen – was immer das dann bedeutet...). Damit sind ältere Konsumenten womöglich weniger bereit, Selbst-Definitionen aus der Werbung zu akzeptieren. Diese Ableitung aus der Theorie der flexiblen Anpassung wäre noch zu prüfen (siehe auch Felser, 2006).

Baltes und Baltes (1990; Baltes & Smith, 2003) betonen in ihrem SOK-Modell die Fähigkeiten des alternden Menschen zur Anpassung. Die Strategien hierzu seien: Selektion, Optimierung und Kompensation.

Von Selektion kann man schon sprechen, wenn z.b. der schwerkranke Mensch seine Optimierungsbemühungen nur noch auf wenige Lebensbereiche, z.B. Familie und Gesundheit beschränkt. Optimierung besteht in der Verbesserung der verfügbaren Mittel, wie auch im Aufsuchen von Kontexten, in denen eventuell eingeschränktere Mittel effektiver sind. Im Beispiel würde Optimierung darin bestehen, dass man den Kontakt zu den Familienmitgliedern intensiviert und die Anweisungen des Arztes befolgt. Kompensation wird eingesetzt, wenn die bisherigen Mittel nicht mehr ausreichen oder nicht mehr verfügbar sind. Wenn es zum Beispiel zu beschwerlich wird, Besuche zu machen, telefoniert der alternde Mensch oder bemüht sich darum, Besuche zu erhalten. Wenn das Gedächtnis so nachlässt, dass die Medikamente nicht mehr regelmäßig eingenommen werden, werden Timer oder tageszeitgeordnete Tablettendosen eingesetzt (Staudinger, 2000, S. 194).

Baltes und Smith (2003) illustrieren das SOK-Modell wie folgt:

„Our favorite example of the psychological meaning of selective optimization with compensation comes from several interviews with the 80-year-old pianist Rubinstein. When Rubinstein was asked how he continued to be such an excellent concert pianist, he named three reasons. He played fewer pieces, but practiced them more often, and he used contrasts in tempo to simulate faster playing than he in the meantime could muster. Rubinstein reduced his repertoire (i.e., selection). This allowed him the opportunity to practice each piece more (i.e., optimization). And finally, he used contrasts in speed to hide his loss in mechanical finger speed, a case of compensation. Rubinstein thus delivers a classic example of what psychology has shown is a key strategy of effective aging." (S. 130).

Gemeinsam mit der Socioemotional Selecitivity Theory sind die Ansätze von Brandtstädter (2007) und Baltes und Baltes (1990) Beispiele für ein alternatives, vom Defizitmodell deutlich verschiedenes Altersbild, das sicherlich eine weitere Ausarbeitung in Bezug auf das Konsumverhalten verdient. Allerdings sehen etwa Baltes und Smith (2003) die von ihnen beschriebenen kompensatorischen Strategien in erster Linie für das dritte Lebensalter, nicht aber für das vierte als wirksam an. Auch diese Einschränkung ist zu hinterfragen und zu prüfen.

4.5 Zusammenfassung

Eine Reihe von altersbedingten Veränderungen haben Auswirkungen auf das Verhalten älterer Menschen in Konsumsituationen. Einbußen finden sich vor allem in folgenden Bereichen:

* fluide Intelligenz: Schlussfolgerndes Denken, Schnelligkeit der Informationsverarbeitung, Umgang mit unvertrauten und komplexen Situationen,
* Aufmerksamkeitsregulation: Vor allem in der Unterdrückung irrelevanter Information („loss of inhibition"), was unter anderem zu einer erhöhten Ablenkbarkeit führt.

Bis ins hohe Alter stabil ist dagegen die kristalline Intelligenz, also diejenigen Fähigkeiten, die Wissen und Erfahrung voraussetzen.

Altersbedingte Veränderungen im Erinnerungsvermögen sind zum Teil sehr spezifisch: Wenig beeinträchtigt ist das unbewußte (implizite) Gedächtnis. Ebenfalls stabil sind Erinnerungsleistungen, die eher übergeordnete Inhalte betreffen, z.B. die Frage, ob ein Produkt teuer oder billig war. Erinnerungen im Detail (z.B. was hat es genau gekostet) werden dagegen im höheren Alter deutlich ungenauer.

Ältere Menschen erinnern auf abstrakterem Niveau, stärker kontextbezogen und stärker schlussfolgernd. Bei jüngeren Menschen wird neben dieser Art des Erinnerns noch eine zweite, weniger an Kontexte und schlussfolgernde Prozesse geknüpfte Erinnerung eingesetzt. Präzise Erinnerungen auch von (vorläufig) unsinnigen, nicht mit vorhandenem Wissen und Schemata vereinbaren Inhalten fallen jüngeren Menschen leichter.

Weitere altersbedingte Beeinträchtigungen des Gedächtnisses betreffen:

* Schlechtere Verknüpfung von semantischem mit episodischem Gedächtnis: Episodische Hinweise (wo habe ich eine Information her) hängen nicht mehr

so eng mit der semantischen (dem genauen Inhalt der Information) zusammen. Damit fehlt zum einen eine Erinnerungshilfe, zum anderen fehlen Korrekturen von Informationen aus eigentlich unglaubwürdiger Quelle.

• Stärkerer „Truth-Effekt" bei Älteren: Mit dem Alter steigt die Tendenz, Informationen nach bloßer mehrfacher Wiederholung zu akzeptieren.

Das Metagedächtnis, nämlich die Erwartung ein gutes Gedächtnis zu haben oder eben nicht, verändert sich ebenfalls mit dem Alter. Dies geht mit höherer Beeinflussbarkeit einher, vor allem dann, wenn die Erwartungen an das eigene Gedächtnis nicht korrekt sind (wenn man seiner Intelligenz zu Unrecht misstraut, oder aber wenn man die eigene Gedächtnisleistung überschätzt).

Mit dem Alter nimmt die Bedeutung emotionaler Information zu – mit der eindeutigen Tendenz positive Emotionen zu steigern und negative zu vermeiden. Damit gehen auch bessere Fähigkeiten der Emotionskontrolle einher.

Insgesamt sprechen die altersbedingten Veränderungen in Kognition und Emotion dafür, dass mit dem Alter auch die Beeinflussbarkeit bzw. Anfälligkeit für Manipulation und unvorteilhafte Konsumentscheidungen zunimmt. Die Defizite in der Aufmerksamkeitsregulation führen zu erhöter Ablenkbarkeit und zur Überbetonung unwichtiger Aspekte in Entscheidungen. Viele der genannten Gedächtniseinbußen führen dazu, dass ältere Menschen sich nicht genau erinnern, welcher Information sie schon einmal begegnet sind und welcher nicht, was es erheblich einfacher macht, eine falsche Information wie eine Erinnerung erscheinen zu lassen. Diese Anfälligkeit wird durch die Verschiebung von exakten hin zu eher schlussfolgernden und kontextabhängigen Erinnerungen im Alter noch verstärkt. Die Illusion einer Erinnerung kann in diesen Fällen relativ einfach erzeugt werden, indem passende Kontexte als „Erinnerungshilfen" bereitgestellt oder bestimmte Schlussfolgerungen durch passende Fragestellungen besonders nahegelegt werden.

Auch die Neigung, vor allem positive Informationen zu beachten und zu verarbeiten, kann zu einer erhöhten Beeinflußbarkeit führen, etwa indem ältere Menschen zu anderen schneller Vertrauen schöpfen, auch wenn dies nicht gerechtfertigt ist.

Entscheidungsstrategien ändern sich ebenfalls mit dem Alter. Neben den bereits erwähnten Einflüssen (z.B. höheres Gewicht positiver Emotionen bei einer Entscheidung) steigt auch die Neigung zur Entscheidung anhand von einfachen Faustregeln und die Bereitschaft, nicht die bestmögliche, sondern eine zufriedenstellende Option zu wählen. Altersbedingte Veränderungen in Entscheidungsstrategien können je nach Umständen sowohl zu vorteilhaften als auch zu unvorteilhaften Konsumentscheidungen führen.

Mit dem Alter ändern sich auch Bewältigungsstrategien, also der Umgang mit schwierigen Lebensumständen und kritischen Lebensereignissen. Während in jüngeren Jahren die Bewältigung noch darin besteht, auf die Umwelt einzuwirken und sie an eigene Bedürfnisse anzupassen, gewinnen mit dem Alter Methoden der eigenen Anpassung an die Umwelt an Gewicht.

Desiderate und Forschungslücken: Die in Kapitel 4 vorgestellten Ergebnisse sind im Hinblick auf weiterführende Forschungsfragen besonders ergiebig. Sie entstammen zum großen Teil der Grundlagenforschung, allein deshalb sind hier Umsetzungen in konsumrelevante Kontexte wünschenswert, insbesondere wenn es um die Annahme einer erhöhten Beeinflussbarkeit älterer Menschen durch Manipulation in Verkauf und Marketing geht.

Zudem sollten konsumrelevante Veränderungen in Sensorik und Motorik noch stärker betrachtet werden.

Viele offene Forschungsfragen lassen sich auch auf der Ebene von Grundlagenforschung bearbeiten, so etwa die Frage: Führt der „Loss of inhibition" dazu, dass ältere Menschen stärker zu nicht zufriedenstellenden Entscheidungen neigen? Grund hierfür könnte sein, dass im Alter neben relevanten zunehmend auch irrelevante Aspekte einer Entscheidungssituation aktiviert werden, die dann in der tatsächlichen Entscheidung zu viel Gewicht erhalten.

Eine andere eher grundsätzliche Forschungsfrage betrifft die Beeinträchtigung der Erinnerung: Das Preisgünstigkeits-Signal durch Neuner-Preise baut darauf auf, dass Preise in der Erinnerung nicht genau, sondern nur ungefähr, insbesondere auf Basis der äußeren linken Ziffer rekonstruiert werden. Dies würde dafür sprechen, dass im Alter die Anfälligkeit für diese Marketing-Strategie zunimmt.

Die nachgewiesenen adaptiven Ressourcen älterer Menschen sind im Marketing bislang kaum berücksichtigt worden. Zu diesem Aspekt finden sich daher ebenfalls viele offene Forschungsfragen. Zum Beispiel ist zu erwarten, dass ältere Menschen schneller und bereitwilliger ihre Konsumziele aufgeben und wechseln, wenn sich Hindernisse auftun. Zeigen könnte sich dies etwa in unterschiedlicher Markentreue oder im Umgang mit neuen Vertriebswegen wie dem Internet. Andere Forschungsfragen betreffen etwa den Umgang mit Selbstdefinitionen und Stereotypen, die in Medien und Werbung präsentiert werden. Ältere Menschen zeigen in Experimenten oft eine große Flexibilität im Umgang mit Informationen, die das Selbstbild bedrohen und können auf diese Weise einen positiven Selbstwert beibehalten. Hier wären Untersuchungen von Interesse, die dies auf konsumrelevante Selbstbilder übertragen.

Konsumverhalten im Alter

5

Ein wichtiges Anliegen der vorliegenden Arbeit ist es, Lebensbereiche älterer Konsumentinnen und Konsumenten und das darauf entfallende Konsumverhalten aufzuzeigen. Dies ist auch im Prinzip möglich, allerdings sind detailliertere Auswertungen – insbesondere mit Bezug auf Lebenswelten im Sinne von psychographischen Milieus – erst im Rahmen weiterführender Studien möglich.

Die folgenden Ausführungen zeigen daher eher beispielhaft, welche Daten vorliegen und wie sie genutzt werden könnten. Welche Rolle hierbei auch problematische Geschäftspraktiken spielen, soll in Kapitel 6 diskutiert werden.

Konsumdaten liegen häufig nur sehr spezifisch für ganz konkrete Konsumsituationen oder Produkte vor, etwa zur Nutzung von Hörgeräten (z.b. Williger & Lang, 2015), zur Internetnutzung (5.3) oder zum Freizeitverhalten (5.2).

Diese Daten sind geeignet, die Affinität und den Bedarf einer Zielgruppe gegenüber bestimmten Produkten oder auch mögliche Barrieren gegenüber dem Konsum aufzuzeigen. Sie stellen den Konsum aber nicht in seinen Kontext. So bleiben hier oft Fragen offen wie etwa, inwieweit der Bedarf in dem einen Produktbereich Einschränkungen in einem anderen erfordert oder wie sich individuelle Budgets auf die Konsumentscheidungen auswirken.

Umfangreiche Datensätze zu Konsumentscheidungen liegen im Rahmen des Sozioökonomischen Panels (z.B. Wagner, Frick & Schupp, 2007) oder aber im Rahmen der Markt- und Media-Studien „best for planning" (http://www.b4p.media) oder VuMA Touchpoints (http://www.vuma.de/) vor. In allen Fällen müßte die gezielte Auswertung für den Seniorenmarkt aber eigens vorgenommen bzw. in Auftrag gegeben werden. Beispielhaft sind einige solcher Auswertungen für dieses Gutachten erstellt worden. Sie werden in 5.1.3 und 5.1.4 vorgestellt.

© Springer Fachmedien Wiesbaden GmbH 2018
G. Felser, *Konsum im Alter,*
https://doi.org/10.1007/978-3-658-20243-9_5

5.1 Allgemeine Konsumgewohnheiten im höheren Erwachsenenalter

Die Altersschwellen, ab denen die Vitalität nachlässt, haben sich in den letzten Jahrzehnten verschoben. Parallel dazu nimmt die Bereitschaft, neues auszuprobieren, die generelle Offenheit zu (Generali Deutschland AG, 2017b, S. 33ff). Dies lässt sich als ein genereller Trend für das Konsumverhalten bereits vorab verzeichnen: Die ältere Zielgruppe verändert sich rasant und nachrückende Generationen sind in der Regel gegenüber Neuerungen offener als ihre Vorgänger.

Die folgenden Ausführungen betrachten unterschiedliche Aspekte des Konsumverhaltens, angefangen bei der materiellen Lebenssituation über die Verteilung der Ausgaben, Marken- und Produktwahl bis zum Freizeitverhalten. Einen besonderen Schwerpunkt bilden die Themen Technologienutzung und digitale Medien.

5.1.1 Die materielle Lebenssituation

Die meisten Befragten aus der Generali Altersstudie 2017 (Altersbereich 65 bis 85 Jahre) bezeichnen ihre materielle Situation als „stabil positiv" (Generali Deutschland AG, 2017c, S. 42). Nur sechs Prozent der Befragten bezeichnet die eigene finanzielle Situation als „schlecht" oder „sehr schlecht" (S. 55). Aufs Geld schauen müssen besonders alleinstehende Frauen – insbesondere dann, wenn sie eine „für diese Generation typische Erwerbsbiographie" (S. 42) vorweisen, in der es größere Lücken in den Fristen der Berufstätigkeit gibt.

Interessanterweise schätzen die Befragten der Generali-Studie die finanzielle Gesamtsituation für die ältere Generation gleichwohl als angespannt ein. Diese Einschätzung liegt allerdings daran, dass die meisten älteren Personen davon ausgehen, ihnen gehe es ungewöhnlich gut und den meisten anderen dagegen deutlich schlechter. Wie es scheint, wird das allgemeine Bild, das man sich von der wirtschaftlichen Situation im höheren Erwachsenenalter macht, überproportional stark von den unteren sozialen Schichten geprägt. Betrachtet man dagegen die Gesamtbevölkerung, ist der finanzielle Spielraum (also das Kapital, das nach Abzug der laufenden Kosten frei verfügbar ist) in der Gruppe der 65- bis 85-Jährigen allein von 2012 bis 2015 von monatlich € 522 auf € 628 angestiegen. Die Streubreite bei dieser Größe ist allerdings groß und reicht von € 351 in den niedrigen sozialen Schichten bis € 1027 in den höheren (Generali Deutschland AG, 2017c, S. 44). Auch im Ost-West-Vergleich unterscheiden sich die finanziellen Spielräume (S. 45). Nachwirkungen der deutschen Teilung sind also in der älteren Generation um 2017 noch immer zu spüren.

Die größte Stütze für das eigene Einkommen sind die Leistungen, die sich aus der Berufstätigkeit ergeben, also vor allem das Rentensystem. Eine weitere Stütze ist der Immobilienbesitz. Etwa 70 Prozent der Westdeutschen und 55 Prozent der Ostdeutschen 65- bis 85-Jährigen besitzen eine Immobilie. Dieser Wert ist für Westdeutsche über die letzten Jahre relativ konstant, für Ostdeutsche ist eine Steigerung zu verzeichnen. Der konjunkturelle Aufschwung der Jahre vor 2017 hat die Menge der älteren Immobilienbesitzer nicht verändert, wohl aber die Zahl derjenigen, die mehr als eine Immobilie besitzen (Generali Deutschland AG, 2017c, S. 46).

Immobilienbesitz ist gerade im höheren Erwachsenenalter eine besondere Entlastung, da es sich hier in der Regel um abbezahltes Wohneigentum handelt. Die Kosten für das Wohnen bilden meist die größte Einzelausgabe im Alter (siehe auch Hurd und Rohwedder 2010), die Ausgaben binden je nach Einkommenskategorie zwischen 25 und 45 Prozent des Einkommens (Generali Deutschland AG, 2017c, S. 49f). In ländlichen Regionen ist Immobilienbesitz deutlich verbreiteter als in Großstädten – in diesen ist die Belastung durch hohe Miet- und Immobilienpreise besonders hoch.

Auch wenn die materiellen Lebensverhältnisse insgesamt eher als gut zu bewerten sind, berichten ältere Menschen einigermaßen häufig über Zukunftssorgen, z.B. die Sorge auf Dauer die Miete nicht mehr aufbringen oder ein Haus nicht mehr halten zu können (z.B. Generali Deutschland AG, 2017c, S. 51).

Daher kann man hier bereits resümieren: Die finanzielle Lage älterer Menschen ist an sich gut. Der Eindruck einer bestehenden oder drohenden Altersarmut lässt sich daher nicht damit begründen, dass aktuell tatsächlich viele Menschen davon betroffen oder bedroht wären. Er geht vielmehr auf zwei andere Komponenten zurück:

- zum einen auf eine verzerrte Fremdwahrnehmung, nach der man selbst ungewöhnlich begünstigt ist und es anderen deutlich schlechter geht als einem selbst und
- zum anderen auf die Sorge, dass die aktuelle Situation nicht stabil ist und die Zukunft erheblich schlechter sein wird als die Gegenwart.

Die erstere Wahrnehmung wäre rein theoretisch durch Fakten widerlegbar. Allerdings würde die Erkenntnis, dass es der älteren Generation finanziell deutlich besser geht als in der Außenwahrnehmung angenommen, denjenigen, die wirklich von Altersarmut betroffen sind, wenig helfen und vermutlich sogar eher schaden.

Der zweiten Wahrnehmung, der Zukunftsangst, ist mit Fakten nur begrenzt beizukommen. Sie entsteht offensichtlich auch aus scheinbar unbedrohten Situationen heraus und prägt anschließende Entscheidungen. Allerdings ist zu bedenken, dass – im Unterschied zu anderen von Armut betroffenen Bevölkerungsgruppen (z.B. Arbeitslose, kinderreiche Familien oder Alleinerziehende, Generali Deutschland AG, 2017c, S. 67) – die Armut im höheren Alter kein vorübergehendes Phänomen ist: Wer von ihr betroffen ist, hat nur noch selten die Möglichkeit, dieses Problem aus eigener Kraft wieder zu lösen (zur Option der späten Berufstätigkeit siehe Exkurs 5). Dies ist sicher ein durchaus gewichtiger Grund zur Sorge, ebenso wie eine möglicherweise drohende Pflegebedürftigkeit.

Insofern ist Altersarmut als gesellschaftliches Problem zwar anders gelagert, als es meist den Anschein hat, es muss aber weiterhin ernst genommen werden.

5.1.2 Die Verteilung von Ausgaben

Wenn die materielle Lebenssituation von den meisten Älteren als stabil bezeichnet wird, bedeutet dies nicht, dass das Alter keine Einschränkungen im Ausgabeverhalten mit sich bringt. In der Generali Altersstudie 2017 erklärt gut die Hälfte der Befragten, der Eintritt des Hauptverdieners in den Ruhestand sei mit Einschränkungen einhergegangen (Generali Deutschland AG, 2017c, S. 50f; siehe hierzu auch Exkurs 5). Die stärksten Einschränkungen erlebt der Bereich Reisen (38 %) und Ausgehen (26 %). Diese beiden Lebensbereiche werden auf die Frage „in welchen Lebensbereichen [mussten] Sie sich einschränken?" mit 38 und 26 Prozent der Nennungen am häufigsten genannt. Bedenkt man zusätzlich, dass auch bei den Ausgaben für das Auto relativ früh gespart wird (18 % der Nennungen), ist wohl das Mobilitätsverhalten subjektiv der am meisten durch Einsparung betroffene Lebensbereich. Auch Investionen ins Haus (23 %) und in die Wohnungseinrichtung (17 %) werden relativ bereitwillig heruntergefahren. Interessanterweise wird auch die Unterstützung von Kindern und Enkel (20 %) als ein Bereich genannt, der ebenfalls früh von Einschränkungen betroffen ist. Deutlich seltener werden Ausgaben für Lebensmittel genannt (7 %).

Exkurs 5: Berufstätigkeit im höheren Alter
Zum Ausgleich eventueller finanzieller Engpässe ist Arbeit nach der Rente nur bedingt eine Option, denn diese steht ja vorrangig solchen Älteren offen, die ohnehin schon geringer belastet sind, also jüngeren, gut ausgebildeten und gesunden Menschen. Auch die finanzielle Situation hängt mit der Wahrscheinlichkeit einer beruflichen Tätigkeit zusammen: Jenseits der 65 sind neun Prozent der 65- bis 85-Jährigen aus den unteren Einkommensschichten noch beruflich aktiv – bei Personen mit höherem Einkommen sind es 19 Prozent

(Generali Deutschland AG, 2017c, S. 61). Insofern führt die Berufstätigkeit im höheren Alter nicht zu einer Nivellierung sozialer Ungleichheit, sondern im Gegenteil zu deren Verstärkung (S. 71).

Dies zeigt sich auch, wenn man die Gründe für die späte Berufstätigkeit betrachtet. Zwar hat im historischen Vergleich die Berufstätigkeit im höheren Alter zugenommen. 2013 waren insgesamt elf Prozent der 65- bis 85-Jährigen noch berufstätig, in 2017 sind es 15 Prozent (Generali Deutschland AG, 2017c, S. 61). Allerdings werden hierfür von den Betroffenen nur sehr selten finanzielle Gründe genannt. Viel bedeutender sind das Gefühl, noch gebraucht zu werden, Kontakt und Abwechslung zu haben, das Gefühl, geistige und körperliche Fitness zu erhalten und weiterhin Erfolgserlebnisse zu haben. Dabei wird besonders eine hohe Flexibilität geschätzt. Tatsächlich sind im höheren Alter die Tätigkeiten in der Regel nur Teilzeit und im Umfang sehr flexibel geregelt (S. 68f).

Eine Berufstätigkeit im hohen Lebensalter zeigt demnach eher an, wie ältere Menschen ihre Lebenszeit verbringen, wenn sie es denn können. Dies wird auch durch einen weiteren Befund aus der Generali Altersstudie (2017c, S. 83) unterstrichen: Wer im höheren Alter noch berufstätig ist, ist auch mit höherer Wahrscheinlichkeit ehrenamtlich engagiert. Berufstätigkeit geht demnach nicht auf Kosten des ehrenamtlichen Engagements; wer fit genug ist, tut oft beides.

Wenn Menschen im Rentenalter, also auch trotz Bezug der Rente, noch arbeiten, ist dies also eher kein Indiz für besonderen ökonomischen Druck und finanzielle Einschränkungen, die ältere Menschen in die Berufstätigkeit zwingen. Allerdings ist hier zu betonen: Aus den Daten geht nicht hervor, ob es nicht Personen gibt, die gerne arbeiten würden, die sogar finanziell darauf angewiesen wären, die aber keinen Zugang zum Arbeitsmarkt bekommen.

Wie verteilen sich nun die Ausgaben auf die unterschiedlichen Lebenbereiche? Für den amerikanischen Kulturraum legen z.B. Hurd und Rohwedder (2010) Daten aus dem Consumption and Activities Mails Survey (CAMS) vor, der an die Health und Retirement Study (HRS) angeschlossen ist, in der es vor allem um die Lebenssituationen von Menschen im Alter über 50 geht. Die Datenbasis bilden Interviewstudien und postalische Befragungen von über 30.000 Personen in den USA aus dem Altersbereich beginnend mit 50 Jahren.

Die Daten von Hurd und Rohwedder (2010) zeigen als besonders wichtiges Segmentierungskriterium die Haushaltsgröße – im Wesentlichen den Unterschied zwischen Paaren und Singles. Für den deutschen Sprachraum kann man davon ausgehen, dass nach dieser Unterscheidung zwei Drittel der 65- bis 85-Jährigen in einer Beziehung leben (Generali Deutschland AG, 2017e, S. 130). Allerdings besteht hier ein starker Unterschied zwischen den Geschlechtern: Von den Männern leben 82 Prozent mit einer Partnerin zusammen, bei den gleichaltrigen Frauen haben 56 Prozent noch einen Partner. Dies geht selbstverständlich in erster Linie auf die geringere Lebenserwartung der Männer zurück sowie auf die Tatsache, dass in Partnerschaften meist der Mann älter ist als die Frau (S. 132f, für weitere Befunde zum Thema Familienstand und soziale Vernetzung siehe

Exkurs 6). Gleichwohl ist dieser Befund im Folgenden zu bedenken, denn er läuft auf eine Konfundierung der Effekte in den höheren Altersgruppen hinaus: Da Single-Haushalte mit zunehmendem Alter der Betroffenen auch zunehmend von einer Frau geführt werden, können scheinbare Effekte des Familienstands bzw. der Haushaltsgröße theoretisch auch auf Unterschiede zwischen den Geschlechtern zurückgehen.

Exkurs 6: Soziale Vernetztheit, Familienstand und Vereinsamung

Die Befragten der Generali Altersstudie (2017e, S. 125ff) schätzen die Menge ihrer sozialen Kontakte als groß ein. Nur vier Prozent der Befragten berichten häufig von dem Gefühl der Einsamkeit. Dieser Wert steigt mit dem Alter zwar an (von zwei Prozent bei den 65- bis 69-Jährigen auf acht Prozent bei den 80- bis 85-Jährigen), er bleibt aber insgesamt gering.

Über mögliche Stichprobeneffekte bei diesem Befund kann man nur spekulieren. Natürlich ist es denkbar, dass trotz der sehr sorgfältigen Rekrutierung der Befragten Menschen mit besonders wenig Außenkontakten auch schwerer erreichbar sind und dadurch mit geringerer Wahrscheinlichkeit Teilnehmer werden. Ein solches Selektionsproblem besteht auf jeden Fall – es ist ja gerade der Grund für die Altersgrenze von 85 Jahren in der Generali-Studie: „die Altersgrenze [wurde] bewußt bei 85 Jahren gesetzt, weil danach die Repräsentativität der Ergebnisse aufgrund des Gesundheitszustands und damit die Erreichbarkeit der Zielgruppe zunehmend eingeschränkt wäre" (S. 342). Die Erreichbarkeit der Befragten nimmt mit dem Alter ab, und die Gründe hierfür können natürlich sehr wohl auch zu Vereinsamung führen. Von diesen Einwänden unbeschadet ist natürlich bemerkenswert, dass nur eine sehr geringe Zahl der 65- bis 85-Jährigen erklärt, sich einsam zu fühlen.

Gefühle der Vereinsamung sind erwartungsgemäß unter Kinderlosen und Ledigen häufiger. Die meisten Befragten haben Kinder (88 %) oder Enkel (73 %). Die Zahl Kinderloser ist mit zwölf Prozent eher gering, diese Zahl wird mit den nachrückenden Generationen allerdings anwachsen, und es bleibt daher eine offene Frage, ob die soziale Vernetztheit der gegenwärtig jungen Generation zukünftig zu einer ähnlich positiven Bewertung führt wie bei den gegenwärtig Alten.

Sofern die Befragten in Partnerschaften leben, ist dies so gut wie immer eine Ehe. Nur wenige verwitwete oder geschiedene Personen hatten zum Zeitpunkt der Befragung eine neue Beziehung (10 bzw. 20 %). Auch dies ist ein Zustand, der sich in nachwachsenden Generationen voraussichtlich ändern wird: Der Anteil an Ledigen ist in jüngeren Jahrgängen deutlich höher und auch die Zufriedenheit mit der bestehenden Beziehung ist dort geringer (S. 133ff).

Jedenfalls ist in fast allen betrachteten Bereichen des Ausgabeverhaltens die Unterscheidung zwischen Paaren und Singles relevant, allerdings nicht immer im selben Sinne. So sind für Alleinstehende vergleichsweise einfache ökonomische Annahmen angemessen, etwa die Erwartung, dass mit sinkendem Einkommen auch Ausgaben sinken und dass davon vor allem die „Luxus"- bzw. „hedonischen" Güter betroffen sind. Für manche Güter verringert sich der persönliche Nutzen, so dass weniger Ausgaben auf diese Bereiche entfallen. Dies kann zum

Beispiel für das Autofahren gelten, da mit dem Alter die Häufigkeit von Autounfällen zunimmt. (Hurd & Rohwedder, 2010, S. 28)

Bei Paaren und größeren Haushalten müssen kompliziertere Annahmen getroffen werden: Zum Beispiel spielen Rücklagen eine größere Rolle, da sie ggf. für den voraussichtlich länger lebenden Partner gebildet werden. Dies wiederum hängt von dem jeweiligen Alter der Personen bzw. dem Altersunterschied der Partner ab. Außerdem sind viele Güter gemeinsam nutzbar, wie z.b. Wohnung, Elektrizität und Auto. Diese Ausgaben liegen für Paare natürlich nicht doppelt so hoch wie für Alleinstehende, sondern deutlich darunter. Dies gilt nicht für Ausgaben für Kleidung – hier verdoppeln sich die Kosten in der Tat für Haushalte mit zwei Personen. (Hurd & Rohwedder, 2010, S. 28f)

Das Einkommen ist für Paare mehr als doppelt so hoch im Vergleich zu Singles. Das Single-Einkommen bleibt über die Lebensalter beginnend mit 50 relativ konstant und sinkt auch im höheren Alter nur wenig ab. Demgegenüber verringert sich das Einkommen für Paare sehr viel deutlicher mit dem Alter, erreicht aber auch für 85- bis 89-Jährige nicht das Niveau der Single-Einkommen, das auch in dieser Altersgruppe noch wenig mehr als halb so groß ist.

Neben dem Einkommen betrachten Hurd und Rohwedder (2010) noch den materiellen Wohlstand der Befragten. Hiermit ist neben dem Einkommen auch Kapital (einschließlich Immobilien) gemeint. Hier finden sich weniger klare Altersverläufe. Zwar liegen auch hier Singles deutlich niedriger als Paare, aber die Variabilität für den allgemeinen Wohlstand ist über die Altersgruppen hinweg höher als für das Einkommen. Dies hat unterschiedliche Gründe: Einer davon ist, dass unterschiedliche Kohorten von vornherein schon unterschiedlich wohlhabend sind. Ein anderer ist, dass Wohlstand mit erhöhter Lebenserwartung einhergeht, dass also weniger Wohlhabende früher sterben und dadurch der mittlere Wohlstand mit dem Alter ansteigt. Weiterhin kommt hinzu, dass Paare wohlhabender sind als Singles, so dass mit dem Tod eines der Partner der verbleibende Partner den mittleren Wohlstand der Singles anhebt (Hurd & Rohwedder, 2010. S. 32ff).

Die folgende Darstellung betrachtet nun die Ausgabenstruktur in privaten Haushalten. Berichtet werden die Anteile der Ausgaben pro Person nach Alter und Familienstand: in Partnerschaft lebend vs. allein. Der Einfachheit halber werden die Ausgaben von Einzelpersonen, die in Partnerschaft leben, als Ausgaben für „Paare" bezeichnet. Die berichteten Daten stammen alle aus der Untersuchung von Hurd und Rohwedder (2010).

Kosten für Wohnung bzw. Haus bilden den größten Kostenfaktor in der Studie: Zwischen 20 und 30 Prozent der gesamten Ausgaben entfallen hierauf (die Generali-Studie berichtet gar über Anteile zwischen 25 und 45 %, Generali Deutschland AG,

2017c, S. 49f). Hier ist die Entwicklung der Kosten über das Alter relativ gering. Auch die Kostendifferenz zwischen allein- und zu zweit lebenden Senioren ist konstant – selbstverständlich zahlen Singles hier deutlich mehr. Der nächste größere Kostenfaktor betrifft den Bereich Gesundheit (Ausgaben als Selbstzahler, ohne Versicherung). Hier steigen die Aufwendungen auch mit dem Lebensalter an. Zwischen 50 und 54 liegen die Ausgaben bei rund zehn Prozent, sie steigen bis zum Altersbereich von 85 bis 89 auf 20 Prozent. Zwischen Singles und Paaren besteht kein nennenswerter Unterschied. Ausgaben für Nahrungsmittel liegen ziemlich konstant bei 16 Prozent, auch hier ohne bedeutende Unterschiede zwischen Singles und Paaren. Erst ab 80 Jahren sinken die Ausgaben für Nahrung sichtbar.

Ein überraschender Befund in den Daten von Hurd und Rohwedder (2010, S. 36ff) betrifft die Ausgaben für Mobilität: Hier liegen die Kosten für Paare höher als für Singles. Auf den ersten Blick erscheint das widersinnig, da ja zum Beispiel ein Auto gemeinsam genutzt werden kann – und jedenfalls in vielen Situationen für zwei Personen eben keine doppelten Kosten entstehen. Hier zeigt sich allem Anschein nach, dass Paare insgesamt mobiler und häufiger unterwegs sind. Ab etwa 70 Jahren sinken die Ausgaben für Mobilität von bisher rund 13 Prozent auf weniger als 5 Prozent im Alter um die 90.

Freilich sind im historischen Vergleich die heutigen Älteren erheblich mobiler als frühere Jahrgänge: Dies zeigen die Daten der Generali Altersstudie (2017d, S. 108ff) für den deutschen Sprachraum: Per 2015 fahren noch 69 Prozent der befragten 65- bis 69-Jährigen noch selbst Auto und im Altersbereich von 80 bis 85 sind es noch 38 Prozent. Für die gleichen Altersgruppen lagen die entsprechenden Werte in 1985 bei 30 bzw. drei Prozent. Dieser Anstieg ist besonders stark bei den Frauen, die allerdings absolut gesehen noch immer etwas weniger Auto fahren als Männer.

Auch für die Bewältigung des Alltags, etwa das Einkaufen, ist das Auto im betrachteten Altersbereich bis 85 Jahre noch immer das wichtigste Hilfs- und Transportmittel. Allerdings ist hier auch ein weiterer Aspekt bemerkenswert: Unter den Befragten der Generali Altersstudie (2017d, S. 104) erklärt ein großer Teil, die Einkäufe zu Fuß (zwischen 23 und 36 %), mit dem Fahrrad (zwischen 10 und 16 %) oder mit Hilfe der öffentlichen Verkehrsmittel zu erledigen. Der letztere Aspekt der Mobilität ist in erster Linie eine Frage der Wohnortgröße: In Städten über 100.000 Einwohner liegt die Nutzung des ÖPNV für die Einkäufe bei 18 Prozent, in ländlichen Regionen liegt die Nutzung erheblich darunter. Dieser Punkt unterstreicht noch einmal die Bedeutung der Infrastruktur: Bereitschaft und Bedarf sind hoch, den Alltag mit Mitteln jenseits des Autos zu bewältigen. Dies setzt aber voraus, dass die entsprechenden Randbedingungen erfüllt sind: zu Fuß oder mit dem Fahrrad erreichbare Geschäfte, regelmäßig verkehrende Busse oder Bahnen.

Eine Ausgabe, die mit dem Alter sichtbar ansteigt, betrifft Geschenke und Spenden. Dieser Posten macht im Alter von 50–54 noch sieben Prozent der Gesamtausgaben aus. Der Anteil steigt bis zum Alter von 90 Jahren auf 19 Prozent. Zum einen ist diese Entwicklung verständlich als der Versuch, das eigene Vermögen nicht als Nachlass, sondern noch zu Lebzeiten nach eigenen Wünschen zu verteilen. Wenn das eigene Vermögen noch ausreicht, um für die subjektive Restlebenszeit einen angestrebten Standard zu erhalten, erscheint das Verschenken des darüber hinausgehenden Vermögens um so sinnvoller. Die Ausgaben für Geschenke sind zudem für Paare höher als für Singles, was allem Vermuten nach daran liegt, dass Paare mit höherer Wahrscheinlichkeit Kinder haben als Alleinlebende (in den Daten von Hurd & Rohwedder, 2010, S. 39, betrug der Unterschied 97 vs. 88 %).

Kleidung bildet einen vernachlässigbaren Posten. Das Ausgabevolumen überschreitet den Wert von 3,5 Prozent nicht. Dieser Maximalwert findet sich im Altersbereich 55–59, danach nehmen die Ausgaben immer weiter ab.

Ausgaben für Urlaubsreisen liegen erwartungsgemäß für Paare höher als für Singles. Die Ausgaben steigen unmittelbar nach dem Ausscheiden aus dem Erwerbsleben gegenüber der Berufstätigkeit leicht an (auf ca. 6 % für Paare und knapp 4 % für Singles), sinken aber auch relativ bald – mit dem Alter von 70 Jahren und älter – wieder ab.

Singles zahlen über alle Alterskategorien hinweg etwas mehr für Haushaltshilfen und Dienstleistungen als Paare. Dieses Muster findet sich für alle den Haushalt betreffenden Ausgaben mit Ausnahme der Kosten für Auto und andere Verkehrsmittel: Die Dienstleistung für zwei Personen ist oft genau die selbe wie die für eine Person. Insgesamt liegen die Ausgaben hierfür niedrig. Im Alter von rund 50 Jahren liegen sie nur bei 3 %, steigen dann für das höhere Alter auf 4 % für Paare und 5 % für Singles.

Man muss natürlich hinterfragen, inwieweit die hier präsentierten Befunde auf Deutschland übertragbar sind. Sicherlich entstehen in Deutschland andere Kosten für Vorsorge, Pflege, Gesundheit und dergleichen als den USA – hier sind die jeweiligen Gesundheits- und Rentensysteme wohl zu verschieden. Auch die Rolle von einzelnen Posten wie z.B. „transportation" dürfte in beiden Kulturen unterschiedlich ausfallen. Zumindest jedenfalls hängen diese Kosten auch von kulturell geprägten Gewohnheiten ab, das Auto oder öffentliche Verkehrsmittel zu nutzen.

Viele andere Erkenntnisse dürften allerdings weniger kulturspezifisch sein: Das steigende Gewicht von Geschenken an den Gesamtausgaben etwa stimmt auch mit anderen Erkenntnissen zusammen, nach denen ältere Menschen zunehmend Wert darauf legen, etwas an jüngere Generationen weiterzugeben – durchaus auch im materiellen Sinn (Curasi, Price & Arnould, 2010).

Auch die Bedeutung des Familienstandes ist selbstverständlich für deutsche Haushalte nicht geringer als für amerikanische. Höhere Lebenserwartung bedeutet in diesem Punkt ein niedrigeres Armutsrisiko, denn mit der gestiegenen Lebenserwartung verlängert sich auch die Zeit, die Paare noch gemeinsam verbringen können. Dieser Aspekt ist von der Kultur unabhängig.

Ein größeres Problem bilden allerdings in Deutschland ältere Menschen mit diskontinuierlichen Erwerbsbiographien, wie sie nach der Wiedervereinigung vor allem in den neuen Bundesländern aufgetreten sind, sowie Personen, die schon in ihrer Erwerbsphase von Arbeitslosigkeit oder Niedriglohnbeschäftigungen betroffen waren: Diese Gruppe wird in den kommenden Jahren ins Rentenalter eintreten. Hier sind Änderungen in der Ausgabenstruktur privater Haushalte zu erwarten, die auch die Vergleichbarkeit der Daten aus unterschiedlichen Kulturen in Frage stellen.

5.1.3   Konsumdaten nach Best for Planning

Im deutschen Sprachraum liegen umfangreiche Daten zum Verbraucherverhalten und zur Mediennutzung vor, die sehr flexibel für spezifische Auswertungszwecke genutzt werden können. Besonders hervorzuheben sind die Markt und Media Analysen „best for planning" (http://www.b4p.media) und VuMA Touchopoints (http://www.vuma.de/), aus denen im folgenden beispielhaft Auswertungen vorgenommen werden. Weiterhin hervorzuheben ist das sozioöknomische Panel (z.B. Wagner, Frick & Schupp, 2007), das in seinem Datenbestand inhaltlich noch weniger fokussiert ist und das auch in einigen der im Gutachten zitierten Studien die Datenbasis bildet (z.B. Kamin & Lang, 2016). Alle drei Studien sind aktuell, breit angelegt, gut gepflegt und flexibel einsetzbar. In Best for Planning und VuMA sind zudem jeweils die Sinus-Milieus (siehe 2.2.2) integriert, so dass auch Auswertungen zu bestimmten Segmenten vorgenommen werden können.

Best for Planning (b4p) enthält Verbraucherdaten aus über 120 Marktbereichen und zu über 2400 Marken. Nach dem eigenen Selbstverständnis ist b4p „die umfassendste Markt-Media-Studie im deutschen Markt. Die Studie deckt alle werberelevanten Märkte ab und erlaubt aufgrund der hohen Fallzahl auch Detailanalysen in den einzelnen Branchen. Märkte und Marken werden über die Darstellung von Verwendern bzw. Käufern transparent gemacht." Auch Mediennutzung kann mit b4p analysiert werden und zwar für „177 Zeitschriftentitel, 66 Belegungseinheiten von Tageszeitungen, 11 TV-Sender, alle ma-Radiosender, Plakat, Kino und einige kleinere Medien." Wichtig ist hierbei die Verknüpfung der Daten mit Personmerkmalen, so dass Gruppierungen von „Menschen mit ähnlichen Interessen, Konsumvorlieben und Lebensstilen" möglich werden. „Über 150 Statements zu Einstellungen werden zusätzlich verdichtet zu wichtigen Zielgruppenmodellen, Konstrukttypen und Typologien (Sinus, Sigma, Limbic Types sowie Branchentypologien)." (alle Zitate aus http://www.b4p.media/ studienkonzept/)

b4p möchte planungsrelevante Zielgruppen möglichst vollständig abbilden. Deshalb werden sowohl Marktdaten als auch konsumsteuernde Merkmale von Personen berücksichtigt. Je nach Bedeutung, Größe und Differenziertheit eines Marktes werden dabei unterschiedliche Kategorien bis hin zur Verwendung oder zum Kauf einzelner Marken ermittelt. Generell konzentriert sich die Studie dabei auf Verwendung, Kauf oder Besitz von Konsum- und Gebrauchsgütern und auf die Nutzung von Dienstleistungen.

Auswertungen können für interessierte Nutzer online vorgenommen werden. Die hierbei möglichen Optionen sollen hier beispielhaft für die „best for planning 2016 – Online-Auswertung" demonstriert werden. Abbildung 5.1 zeigt Segmentierungsoptionen für milieuspezifische Auswertungen (ähnlich den Sinus-Milieus). Auch eine Unterteilung nach Alter, Verhaltensabsichten (z.b. Heiratspläne) oder anderen Veränderungen (z.b. Arbeitslosigkeit, Examina, Geburt eines Kindes) sind vorgesehen.

Die unterschiedlichen Segmentierungsmöglichkeiten können in der Auswahl verknüpft werden, wobei dann entweder Schnitt- (Verknüpfung mit „und") oder Vereinigungsmengen (Verknüpfung mit „oder") entstehen. In der Folge können dann Konsumgewohnheiten spezifisch für bestimmte Produkte, Marken und Produktkategorien angezeigt werden. Einen großen Bereich bildet hier auch der Gesundheitssektor, Nahrungs-Ergänzungs-Mittel, Schnupfen- oder Hustenmittel. Viele dieser Auswertungen können kostenlos durchgeführt werden, einige (auch die Analyse auf Basis der Sinus-Milieus) sind kostenpflichtig. Vermerkt werden sollte noch, dass auch neue Segmentierungsansätze in b4p hinzukommen, so etwa ab 2016 die Personicx™ Typologie von Acxiom Deutschland (siehe hierzu http://www.b4p.media/menschen/). Einen Überblick über die möglichen Typologisierungen gibt Tabelle 5.1.

5.1.4 Konsumdaten nach VuMa

Die Verbrauchs- und Medienanalyse VuMA bietet geclustert über drei Wege (Zielgruppen-, Medien-, oder Tagesablaufanalyse) Auswertungen zum Konsumverhalten verschiedener Altersgruppen an. Als weiterer Weg soll noch in 2016 noch die Option

Abbildung 5.1 Auswertungsoptionen der best for planning 2016 – Online-Auswertung: Milieus

„Trend" hinzukommen: Die Möglichkeit, aus historischen VuMA-Daten Zeitreihen zu bilden und auszuwerten.

Egal ob Fruchtjoghurt, Elektroherd oder Versicherung – in der VuMA Touchpoints sind Informationen zu allen relevanten Produkten und Dienstleistungen des täglichen Lebens enthalten. Ebenfalls abgedeckt ist die Sparte der langlebigen Gebrauchsgüter wie PKW oder Elektrogeräte. Aus dem Bereich Dienstleistungen findet der Nutzer detaillierte Informationen zu Versicherungen und Banken sowie Einkauf im Handel von der Online-Apotheke bis zum Baumarkt. Für die einzelnen Märkte werden in der Regel die allgemeinen Kauf- und Verwendungsgewohnheiten sowie der Konsum von Produktkategorien (bei Bier z.B. Pils, Export, Weizen etc.) und Marken (1.487 Marken in der VuMA Touchpoints 2016) erhoben.

Zielgruppen lassen sich in der VuMA Touchpoints – abseits von Einkauf und Konsum – auch über „weiche" Faktoren definieren. Dazu können aus einer umfassenden Liste persönlicher Einstellungen relevante Meinungen selektiert bzw.

Tabelle 5.1 Das System der qualitativen Zielgruppenmodelle für die b4p-Auswertungen (Quelle: Eigene Darstellung nach http://www.b4p.media/menschen/; Abruf 26.11.2016)

Demographische Zielgruppenmodelle	Marktbezogene Zielgruppenmodelle
• Sozioökonomische Zuordnung	• Glücksspiel
• Social Grades (ABCD)	• Markenorientierung
• Personicx TM Tyologie	• Markenloyalität
• microm Typologie	• Smartshopper
• Lebensphasen/-zyklen	• Food
Psychographische Zielgruppenmodelle	• Wohnen
• SIGMA-Milieus®	• Health
• Sinus-Milieu® (kostenpflichtig)	• Reise
• Limbic®-Types (kostenpflichtig)	• Pkw
• Persönlichkeitsfaktoren	• Finance
• Interessenhorizonte	• Fashion Frauen/Männer
	• Beauty Frauen/Männer

kombiniert werden. Für berechtigte Nutzer stehen außerdem die Sinus-Milieus zur Verfügung (siehe http://www.vuma.de/zielgruppen/sinus-milieus/).

Über die Befragung selbst kann man sich im Bericht zu den Befragungen von 2016 informieren (http://www.vuma.de/vuma-praxis/vuma-berichtsband/). Hier sind alle Bereiche des Lebens einzeln mit ihren jeweiligen Fragen aufgeführt. Ab S. 215ff folgt der Methodenbericht und eine Erläuterung zu den Sinusmileus (S. 128ff).

Als Grundgesamtheit gilt die deutschsprachige Bevölkerung ab 14 Jahren. Die Daten beruhen auf einer Stichprobe von 23.090 Interviews in unterschiedlichen Untersuchungszeiträumen zwischen Oktober 2013 und März 2015. Neben den persönlich-mündlichen Interviews zur Radio- und Fernsehnutzung wurden noch Haushaltsbücher zum Selbstausfüllen zum Konsumverhalten eingesetzt.

Die VuMA Touchpoints baut auf ein rollierendes Erhebungssystem mit einer Frühjahrs- und einer Herbstwelle pro Jahr. Jede Erhebungswelle umfaßt ca. 5.750 Interviews. Der aktuelle VuMA-Datensatz besteht dann immer aus den vier letzten Erhebungswellen. Damit stehen mehr als 23.000 Interviews für die Planung zur Verfügung.

Auch anhand der VuMA-Daten können interessierte Nutzer eigene Auswertungen vornehmen. Beim Exportieren der Ergebnisse in Dateien gehen allerdings exakte Prozentangaben verloren, insofern sind hier nur „abgespeckte" Versionen

der Auswertungen möglich. Im Folgenden sind einige Beispielauswertungen auf-
steigend gestaffelt nach drei Altersgruppen (14–29 Jahre/30–49 Jahre/50+) aufgeführt. Die folgenden Statistiken zeigen etwa die wahrscheinlichen Marken für den
Fall, dass ein neuer PKW gekauft wird:

Für die Gruppe 14–29:

- 23,1% VW, 15% Audi, 13,3% BMW
- 1,7% Nissan, 1,6% Skoda, 1,5% Mazda

Für die Gruppe 30–49:

- 21,4% VW, 13,7% Audi, 9,6% BMW
- 2,2% Skoda, 1,7% Citroen, 1,4% Nissan

Für die Gruppe 50+

- 23,1% VW, 12,3% Opel, 10,1% Mercedes Benz
- 1,5% Citroen, 1,6% Peugot, 1,5% Nissan,

VW besitzt im Datensatz von 2016 in allen drei Alterskategorien die höchste
Wahrscheinlichkeit für einen Kauf. In den Gruppen 14–29 Jahre und 30–49 Jahre
folgen an Platz zwei und drei Audi und BMW. Die Generation 50+ greift hier zu
Opel und Mercedes Benz. Als sehr unwahrscheinlich stufen alle drei Gruppen die
Marke Nissan ein. Die zwei jüngeren Gruppen sind sich ebenso bei Marke Skoda
relativ einig, sie nicht zu kaufen. Die Konsumenten der mittlere Gruppe und der
50+ Gruppe weisen fast identische Werte bei der Marke Citroen auf.
    Eine andere Auswertungsoption betrifft die generelle Einstellung zum Ein-
kauf. Hier werden Fragen nach Markentreue, Einkaufsgewohnheiten oder Inno-
vationsfreude gestellt. Die Basis für die Auswertung ist hier die Häufigkeit der
Zustimmung (Noten 1 oder 2) für verschiedene Aussagen. Die Befundmuster zeigen unter anderem:

Für die Gruppe 14–29:

- 51,9% probieren gern neue Produkte aus, 49,5% treffen größere Kaufentscheidungen mit der Familie, 45,8% bleiben einer Marke treu
- 28,8% kaufen oft spontan, 26% machen gleich mit bei neuer Mode,
- 19,7% kaufen gern im 1 Euroshop, 17,9% Wohnung soll teuer aussehen

Für die Gruppe 30–49:

- 65,5% treffen größere Kaufentscheidungen mit der Familie, 54,6% bleiben einer Marke treu
- 21% Wohnung soll teuer aussehen, 19,9% kaufen gern im 1 Euroshop
- 15,3% kaufen oft spontan, 13% machen gleich mit bei neuer Mode

Für die Gruppe 50+

- 59,2% treffen größere Kaufentscheidungen mit der Familie, 57,9% bleiben einer Marke treu
- 19,0% kaufen gern im 1 Euroshop, 17% Wohnung soll teuer aussehen
- 10% kaufen oft spontan, 5,5% machen gleich mit bei neuer Mode

Generell vertreten alle drei Gruppen an erster Stelle die Einstellung, größere Kaufentscheidungen mit der Familie zu treffen und setzen Markentreue auf Platz zwei. Alle drei Gruppen vertreten relativ gleich stark die Einstellung, dass die Wohnung teuer aussehen soll. Allerdings entspricht dies bei den 14- bis 19-Jährigen der Kategorie, welche am niedrigsten bewertet wurde, und bei den anderen zwei Gruppen ordnet sich diese Einstellung im Vergleich eher im Mittelfeld ein. Die positive Einstellung zu Spontaneinkäufen und „gleich mitmachen bei neuer Mode" nehmen mit höherem Lebensalter immer weiter ab.

Wie schon im Fall des Autokaufs ist auch bei anderen Themen, etwa Bekleidung, eine markenspezifische Auswertung möglich. Im Folgenden ein Beispiel für die drei Altersgruppen. Basis ist hier die Angabe, in den jeweiligen Bekleidungsgeschäften innerhalb der letzten sechs Monate eingekauft zu haben.

Für die Gruppe 14–29:

- 52,6% H&M, 40,4% C&A, 32,6% New Yorker
- 9,8% Vero Moda, 7,6% Tom Tailor
- 3,6% Vögele, 2,8% Adler

Für die Gruppe 30–49:

- 44,4% C&A, 33,3% H&M
- 13,5% New Yorker
- 6,2% Adler, 5,1% Vögele, 5% Vero Moda

Für die Gruppe 50+

- 41,7% C&A
- 19,2% Peek & Cloppenburg, 14,9% Adler
- 3% Zara, 2,7% New Yorker, 2,4% Vero Moda, 2,4% Tom Tailor

Offenbar ist C&A als Modemarke über alle Altersklassen hinweg sehr stabil beliebt. Die Altersgruppe 50+ kauft zum überwiegenden Teil bei dieser Marke. Die Konsumenten dieser Gruppe scheinen sich hier recht einig zu sein und konsumieren nur sehr untergeordnet alle anderen Modemarken. Die beiden jüngeren Altersgruppen setzen auf Platz zwei die Modemarke H&M. Die Einkaufsbereitschaft bei New Yorker sinkt rapide mit dem Alter. Genauso die Marke Vero Moda, die allerdings insgesamt nur sehr gering nachgefragt wird.

Die hier vorgestellten Auswertungen sind nur Beispiele. Hier könnten weiterführende Analysen für spezielle Fragestellungen – wie etwa auch im folgenden Kapitel 5.2 für den Fall des Freizeitverhaltens – durchgeführt werden.

Eine weitere Auswertungsoption betrifft die Mediennutzung. Eigene Beispielauswertungen zeigen etwa, dass die Nutzung von Radio/TV und Zeitungen/Zeitschriften mit dem Alter zunimmt. Frauen nutzen diese Art von Medien tendenziell häufiger als Männer, wobei Frauen Zeitschriften stärker bevorzugen als Männer und Männer dafür stärker zur Tageszeitung greifen. Interessant ist, dass das Fernsehen in der Gruppe 14 bis 19 Jahre und über 60 Jahre etwas häufiger genutzt wird als das Radio. Im Alter von 14 bis 29 Jahre sind Zeitschriften beliebter als Tageszeitungen, dieser Effekt kehrt sich ab dem 30 Lebensjahr ins Gegenteil um. Bei der Onlinenutzung stehen Männer an erster Stelle. Die 20- bis 59-Jährigen nutzen relativ gleich stark das Online-Angebot. Die 14- bis 19-Jährigen und die über 60-Jährigen bilden bei der Onlinenutzung die kleinste Konsumentengruppe.[1]

5.2   Freizeitverhalten und Reisen

Ein besonders häufig untersuchtes Feld im Konsumverhalten stellt der Bereich Freizeit dar. So finden beispielsweise regelmäßige Trendanalysen der Tourismusbranche statt (etwa durch die Forschungsgemeinschaft Urlaub und Reisen e.V.). Auch das allgemeine Freizeitverhalten wird untersucht – und hier finden sich auffällige Entwicklungen, die den bereits angedeuteten Kohorteneffekt im Konsumverhalten

---

[1]Das Kapitel wurde von Isabell Koch verfasst.

der älteren Generation anzeigen. So zeigen sich zum Beispiel steigende Tendenzen bei Restaurantbesuchen (Generali Deutschland AG, 2017d, S. 99), aber auch bei dem Besuch von Rock-Konzerten: 1996 machte die Gruppe 50+ noch sechs Prozent der Besucherinnen und Besucher aus, im Jahr 2010 sind es schon 21 Prozent (Pompe, 2012). Offenbar ist der Adressatenkreis für diese Ereignisse längst ins Rentenalter eingetreten – wie ja auch viele der Musiker.

Zum Altenstereotyp passen dagegen vielleicht eher Beispiele der „Hochkultur", etwa Museums-, Opern- und Theaterbesuche. Auch diese verzeichnen im historischen Vergleich Zuwächse:

[E]ntgegen dem allgemeinen Trend – [gehen] heute mehr 65-bis 85-Jährige ins Theater oder in die Oper als noch vor 15 Jahren. Bei den 65- bis 69-Jährigen ist der Anteil derer, die zumindest gelegentlich in die Oper, ins Theater oder Schauspielhaus gehen, in den Jahren 2000 bis 2015 von 51 auf 55 Prozent angestiegen, in der Altersgruppe der 70- bis 74-Jährigen von 45 auf 54 Prozent und bei den 75- bis 79-Jährigen sogar von 40 auf 50 Prozent. Und auch die 80- bis 85-Jährigen gehen heute tendenziell häufiger ins Theater oder in die Oper als noch vor 15 Jahren (…). In ähnlicher Weise hat sich im gleichen Zeitraum der Besuch von Museen und Kunstausstellungen in der älteren Generation entwickelt. Mit Ausnahme der 80-Jährigen und Älteren gehen heute deutlich mehr Ältere in Museen oder Kunstausstellungen als noch vor 15 Jahren. So stieg der Anteil der Museums- und Ausstellungsbesucher bei den 65- bis 69-Jährigen in dieser Zeit von 40 auf 50 Prozent an, bei den 70- bis 74-Jährigen von 38 auf 49 Prozent und bei den 75- bis 79-Jährigen von 31 auf 42 Prozent. (Generali Deutschland AG, 2017d, S. 98f)

Wie im Zitat schon erwähnt: Der allgemeine Trend ist eigentlich gegenläufig. Unter den 14- bis 64-Jährigen ist die Zahl der Opern- und Theaterbesucher im gleichen Zeitraum rückläufig (von 47 auf 41 %), und die Zahl der wenigstens gelegentlichen Museumsbesucher stagniert in dieser Altersgruppe bei 44 bis 45 Prozent (Generali Deutschland AG, 2017d, S. 99).

Es wäre verfehlt, diesen Aspekt des Freizeitverhaltens in der älteren Bevölkerungsgruppe ausschließlich als eine Orientierung an traditionellen Kulturgütern und insofern als Hinwendung zur Vergangenheit zu deuten. Richtig ist, dass die Zustimmung zu kulturellen Werten ansteigt, wenn sich Menschen ihrer eigenen Sterblichkeit bewußt werden. Im Bewußtsein der eigenen Endlichkeit wächst bei Menschen das Bedürfnis nach der Teilhabe an Dingen von Wert, die über die eigene Existenz hinausdeuten (Greenberg et al., 2015). Insofern wäre es nicht erstaunlich, dass in der älteren Generation das Interesse an hochwertigen und vor allem die Zeit überdauernden Kulturgütern besonders hoch ist. Für jeden Menschen ist es „tröstlich" zu wissen, dass er Teil hat an Dingen, die größer sind als er selbst – insbesondere dann, wenn er sich existenziell bedroht fühlt.

Allerdings ist diese Motivation nur ein Aspekt des offenbar überdurchschnittlichen Interesses an Kunst und Kultur in der älteren Bevölkerungsgruppe. Zudem
ist die Teilhabe an Dingen und Werten, die über die eigene Existenz hinausdeuten, auch über ganz andere Wege zu erreichen, etwa über eine große eigene Familie oder – je nach Wertesytem – auch über die Mitgliedschaft im Fußballverein.
Ein anderer mindestens ebenso wichtiger Aspekt dieses Freizeitverhaltens
ist auf den ersten Blick vielleicht weniger auffallend: Tatsächlich stellt kulturel-
les Interesse ein Kernelement des Persönlichkeitsmerkmals „Offenheit" dar und
hängt mit vielen anderen Aspekten der Offenheit zusammen. Wer sich für Kunst
und Kultur interessiert ist, ist tendenziell auch aufgeschlossener gegenüber anderen Lebens- und Denkweisen und ist eher bereit eigene Werte in Frage zu stellen
(z.B. Borkenau & Ostendorf, 1993). Somit kann man das zunehmende Interesse
an Kultur auch als ein Beispiel für eine Entwicklung ansehen, die in der Generali
Altersstudie als mentale Verjüngung bezeichnet und mit besonderem Nachdruck
beschrieben wird:

*Die mentale Verjüngung der über 65-Jährigen zeigt sich unter anderem daran, dass
sich diese Generation deutlich offener gegenüber neuen Entwicklungen zeigt als
Gleichaltrige vor zwanzig oder dreißig Jahren. 1985 gaben gerade einmal 16 Prozent der 75-Jährigen und Älteren und 22 Prozent der 65- bis 74-Jährigen an, dass
sie immer wieder gerne etwas Neues ausprobieren; heute sind es 23 Prozent bei den
über 75-Jährigen und 32 Prozent bei den 65- bis 74-Jährigen. Innerhalb der letzten
dreißig Jahre hat sich somit die Innovationsoffenheit um ein Lebensjahrzehnt nach
vorne verschoben: Die 75-Jährigen und Älteren sind heute so innovationsoffen wie
die 65- bis 74-Jährigen vor dreißig Jahren; die 65- bis 74-Jährigen wiederum so
offen wie zehn Jahre Jüngere vor dreißig Jahren. (Generali Deutschland AG, 2017b,
S. 34)*

Der mentalen Verjüngung entspricht auch eine körperliche, die sich ebenfalls
im Freizeitverhalten spiegelt: Von 1990 bis zum Befragungszeitpunkt 2015
verzeichnen Wandern, Schwimmen oder Gymnastik im Altersbereich 65–85
starke Anstiege, wobei interessanterweise die beliebteste und ebenfalls zunehmend praktizierte Tätigkeit die Gartenarbeit darstellt (Steigerung von 54 Prozent
in 1990 auf 70 Prozent in 2015, Generali Deutschland AG, 2017b, S. 34ff). Auch
dies ist ein starker und überzeugender Indikator für die Verschiebung von Altersgrenzen. Auf Basis der oben bereits zitierten VuMA-Daten können hier weitere
Auswertungen zum Freizeitverhalten vorgenommen werden.
Abbildung 5.2 soll hierzu auch einen visuellen Eindruck vermitteln. Die
Abbildung zeigt die ausgeübten Freizeitaktivitäten im Altersbereich 14 bis 29
Jahre an. Gemeint sind hier nur häufige Aktivitäten („mehrmals pro Monat").

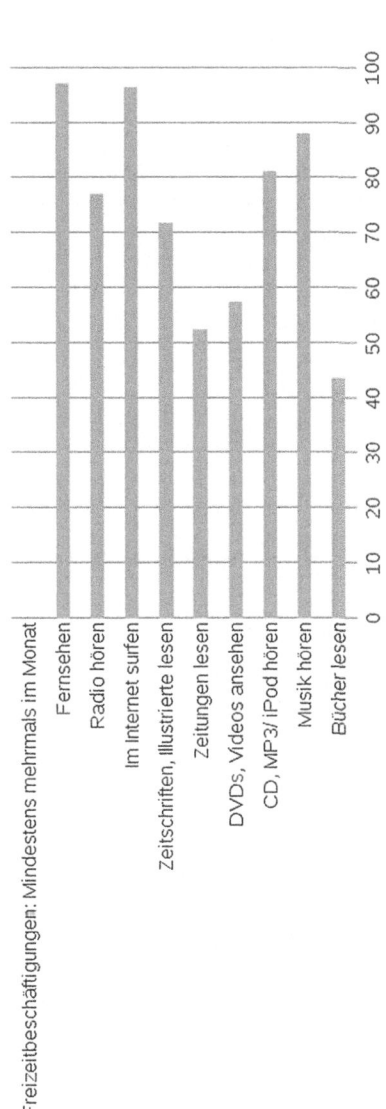

Abbildung 5.2 Auswertung nach VuMA Touchpoints. Mindestens „Mehrmals pro Monat" ausgeübte Freizeitaktivitäten in der Altersgruppe 14–29.

Ebenso kann man Freizeitaktivitäten betrachten, die „mindestens selten" ausgeübt werden. Und gleichzeitig lassen sich diese Analysen danach differenzieren, für welche Altersbereiche sie gelten. Dies soll im Folgenden etwas näher betrachtet werden.[2]

Alle drei Altersgruppen beschäftigen sich in ihrer Freizeit am häufigsten mit Fernsehen. Das Anschauen von DVDs und Videos wird mit zunehmendem Alter bei den Befragten immer weniger attraktiv. Vor allem die jüngeren Altersgruppen nutzen sehr häufig das Internet zum Surfen. Bei der Gruppe 50+ wird dies ca. nur noch von der Hälfte der Befragten genutzt.

Für die Gruppe 14–29:

- 97,3% Fernsehen, 96,5% Internet surfen,
- 57,5% DVD/Video ansehen
- 43,5% Bücher lesen

Für die Gruppe 30–49:

- 97,5% Fernsehen, 96,5% Internet surfen
- 36% Bücher lesen, 35,2% DVD/Video

Für die Gruppe 50+

- 98,5% Fernsehen, 89,9% Radio hören
- 43,5% Internet surfen
- 13,5% DVD/Video ansehen

Etwas anders sieht das Muster aus, wenn man die selten ausgeübten Freizeitaktivitäten betrachtet. Alle drei Altersgruppen sind sich bei der Reihenfolge der hier aufgeführten Freizeittätigkeiten einig. Besuche machen und haben stehen für die jüngeren und älteren Generationen gleichermaßen im Vordergrund, neben Ausgehen (Kneipen, Restaurants, Gaststätten) und Schaufensterbummel/Shoppen. Das Bedürfnis in die Disco oder Spielothek zu gehen nimmt im Alter immer weiter ab. Generell ist es die Tätigkeit, welche von allen Gruppen am wenigsten in Anspruch genommen wird. Der Besuch des Theaters/der Oper nimmt hingegen mit dem Alter zu, ordnet sich aber im Vergleich in allen Altersklassen im Mittelfeld an.

---

[2]Auswertung und Text von Isabell Koch

Für die Gruppe 14–29:

- 98,3% Besuche machen/haben, 94,1% Schaufensterbummel/Shoppen, 94% Ausgehen, 84,9% Disco
- 29,1% Theater/Oper
- 17% Spielothek

Für die Gruppe 30–49:

- 98,7% Besuche machen/haben, 97,4% Ausgehen, 93,8% Schaufensterbummel/ Shoppen
- 61,7% Disco, 42,5% Oper
- 10,6% Spielothek

Für die Gruppe 50+

- 97,5% Besuche machen/haben, 93,3% Ausgehen, 87,4% Schaufensterbummel/ Shoppen
- 20,4% Disco, 47,6% Oper
- 3,6% Spielothek

Reisen scheint insgesamt durchaus ein wichtiger Bestandteil der Ausgaben im älteren Alterssegment zu sein. Den Darstellungen von Hurd und Rohwedder (2010) kann man entnehmen, dass dies wohl insbesondere die Paare unter den Senioren betrifft. Für Singles und erst recht für ältere Senioren liegen die Ausgaben für Mobilität eigentlich eher niedrig. Zudem sind, sofern im Alter die finanzielle Situation Einschränkungen erfordert, Reisen und Urlaub die Sparoption Nummer 1 (siehe 5.1.2, Generali Deutschland AG, 2017c, S. 53). Davon unbeschadet konstatiert die Reise- und Tourismusbranche ein hohes und wachsendes Interesse der älteren Zielgruppe an Reiseangeboten. Diese Einschätzung scheint auch nach den Daten der Generali-Studie gerechtfertigt: Im historischen Vergleichen verreisen die über 65-Jährigen erheblich häufiger als noch Mitte der 80er Jahre. Mindestens eine Reise in den letzten zwölf Monaten hatten 1985 43 Prozent der 65- bis 69-Jährigen unternommen. In 2015 sind es 62 Prozent. Mit dem Alter sinkt die Reisehäufigkeit und ab dem Alter von über 80 ist dieser Abfall auch stark, aber insgesamt und vor allem im historischen Vergleich steigt die Reisebereitschaft in der älteren Altersgruppe stark an. Selbst von den über 80-Jährigen erklärt noch gut ein Viertel, dass sie oder er in den letzten zwölf Monaten eine Urlaubsreise unternommen habe. Zudem ist dieser Anstieg für das höhere Lebensalter spezifisch: im Altersbereich von 14 bis 64 Jahre steigerte sich die Häufigkeit von 1985 bis 2015 nur um vier Prozentpunkte (von 60 auf 64 %). Im gleichen Zeitraum betrug die Steigerung bei den über 65-Jährigen zwischen sieben und 19 Prozentpunkten – je nach Altersgruppe (Generali Deutschland AG, 2017d, S. 109ff)

Analysen der Tourismusbranche liegen hier für das Alterssegment 60+ vor (Arnold, Lohmann & Winkler, 2013; Lohmann & Aderhold, 2009), also für einen Altersbereich, der bereits nah an der Verrentung und damit nah dem Lebensabschnitt mit dem mutmaßlich höchsten Zeitbudget liegt.

Im Vergleich zu jüngeren Reisenden ist die Intensität von Urlaubsreisen bei Personen zwischen 45 und 79 zwar insgesamt geringer, die Ausgaben für die Reisen liegen allerdings höher. Zudem reisen – wie zu erwarten ist – Ältere häufiger als Jüngere außerhalb der Saison, sie buchen längere Zeiträume und sie buchen häufiger Pauschalreisen. Innerhalb der Gruppe 60+ zeigt sich zudem eine deutliche Entwicklung: So ist von 1988 bis 2007 die Zahl der Urlaubsreisen in dieser Gruppe von 6,1 Mio. auf 13,4 Mio. angestiegen. Der Anteil der Auslandsreisen in diesem Zeitraum ist von 49 auf 61 Prozent gestiegen. Diese Entwicklungen gehen offenbar mindestens zum Teil auf Kohorteneffekte zurück, denn insgesamt bleibt das Reiseverhalten über die Lebensspanne weitgehend konstant und intensiviert sich im höheren Alter schwächer als der zitierte querschnittliche Vergleich vermuten läßt. Anders gesagt: Die ansteigende Reiselust der Älteren geht wesentlich auch darauf zurück, dass die nachwachsenden Älteren auch früher schon reiselustig waren und dies im Alter fortsetzen. Erst im höheren Alter von 80 Jahren läßt dann die Reisetätigkeit spürbar nach (Lohmann & Aderhold, 2009, S. 151ff).

Die VuMA-Daten erlauben erneut die Differenzierung nach Altersgruppen und nach der Art der Urlaubsreisen.[3]

Für die Gruppe 14–29:

- 45,2% Bade-/Sommerurlaub
- 9,8% Familienurlaub, 9,1% Erholungsurlaub
- 0,8% Wellness-/Gesundheitsurlaub, 0,7% Ferienpark, 0,6 Schiffskreuzfahrt

---

[3]Auswertung und Text von Isabell Koch

Für die Gruppe 30–49:

- 43,3% Bade-/Sommerurlaub
- 19,1% Familienurlaub, 14,2% Erholungsurlaub
- 2,0% Schiffskreuzfahrt, 1,9% Wanderurlaub, 1,4% Ferienpark, 1,1% Sporturlaub im Sommer

Für die Gruppe 50+

- 26,0% Bade-/Sommerurlaub
- 17,2% Erholungsurlaub, 7,3% Familienurlaub
- 0,4% Sporturlaub im Sommer, 0,3% Ferienpark

Bade-/Sommerurlaub ist mit Abstand bei allen Alterskategorien am beliebtesten. Je älter die Konsumenten werden, desto stärker differenzieren sie sich jedoch in der Wahl des Urlaubs. Beliebter werden der Wanderurlaub, Städtereisen, Schiffskreuzfahrten und Wellness-/Gesundheitsurlaub. Im Alter leicht rückläufig sind vor allem Abenteuerurlaube. Der Besuch eines Ferienparks ist generell wenig attraktiv. Der Urlaub mit der Familie und Erholungsurlaub ordnen sich in allen Alterskategorien im Mittelfeld an.

Zum Reiseverhalten der Generation 60+ liegen Auswertungen mit Bezug auf die Sinus-Milieus vor (Arnold, Lohmann & Winkler, 2013): Demzufolge finden sich die größten Ausgaben für Reisen und Tourismus im Traditionellen Milieu (33 %), im Konservativ-etablierten Milieu (18 %), der bürgerlichen Mitte (16 %) und im liberal-intellektuellen Milieu (8 %). Die Prozentangaben relativieren die Ausgaben für Reisen aus dem jeweiligen Segment am Gesamtvolumen, das in der Gruppe 60+ für Reisen ausgegeben wird. Dieser Anteil ist zum einen natürlich um so größer, je mehr Menschen aus der Gruppe 60+ auf dieses Milieu entfallen. (Hier gibt es bereits eine altersspezifische Verteilung, deren aktueller Stand im Kapitel 2.2.2 in Tabelle 2.3 dargestellt wird. Betrachtet wird der Stand der Sinus-Milieus um 2010 und zudem die Gruppe 60+, womit sich Abweichungen zur Darstellung von oben erklären.)

Zum anderen ist aber der Anteil auch um so größer, je reiseaffiner die bestimmte Gruppe ist. Hier stechen einige Milieus besonders hervor, auch wenn sie zahlenmäßig eher klein sind. Zum Beispiel machen die „Performer" an der Gruppe 60+ nur 2 % aus, ihr Ausgabevolumen für Reisen liegt aber bei 5 %. Überproportional ist auch die deutlich größere Gruppe der Konservativ-Etablierten vertreten: Ihr Anteil an der Gruppe 60+ liegt bei 11 %, der Anteil ihrer Ausgaben für Reisen dagegen, wie oben bereits berichtet bei 18 %.

5.3   Nutzung von Technologie und Internet

In den Interviews, die im Rahmen der Recherchen durchgeführt wurden, zeigte sich sehr deutlich, dass eine intensive Nutzung digitaler Medien erwünscht und ein Interesse vorhanden ist (siehe vor allem Anhänge B und C). Die Initiativen von BAGSO (z.b. Seniorentechnikbotschafter) oder der Verbraucherinitiative (z.b. digital-kompass.de; siehe hierzu Anhang F) sollen dies stützen und finden allem Anschein nach Zulauf. Dabei ist aber die übereinstimmende Ansicht, dass die Auseinandersetzung mit digitalen Medien begleitet werden muss, dass also vertrauenswürdige Ansprechpartner (nicht unbedingt Verkäufer) vorhanden sein müssen, die auch zeigen können, wie man sich im Internet schützt. Defizite in der Vermittlung neuer Technologien bestehen also zum einen in der oft unzureichenden und nicht hinreichend neutralen Begleitung. Ein weiteres Defizit setzt früher an, nämlich bei einer fehlenden Einsicht in die Potentiale der digitalen Medien für das eigene Leben („wenn die älteren Menschen sehen können, wie Technik ihr Leben erleichtert und wie leicht es auch ist, sie zu handhaben, könnte man deutlich mehr Menschen erreichen", Anhang B). Diese Problematik spiegelt sich auch in einigen der im Folgenden zitierten Studien, so dass in der Tat zu fragen ist, wie man erfolgreich vermittelt, dass Technologie und digitale Medien tatsächlich das eigene Leben auch im hohen Alter verbessern.

Nach den Befunden aus Kapitel 4.2, insbesondere nach den Ergebnissen der Experimente von Fung und Carstensen (2003) dürfte die altersadäquate Ansprache nicht zuletzt darin bestehen, dass gesagt wird, in welchem Sinne das Internet den „emotionalen" Zielen des älteren Menschen dient. Dabei darf man „emotional" nicht mit „sentimental" verwechseln: Es geht dabei um Ziele, die eben nicht mehr so sehr dem Vorwärtskommen, der Exploration und der Steigerung dienen, sondern eher dem Wohlbefinden. Danach dürften also die Leistungsmerkmale der Technologien die Zielgruppe weniger zur Teilhabe an der digitalen Welt motivieren als die Aussicht auf konkrete Verbesserung des aktuellen Alltags. Ebensowenig wird die Anhäufung von unzähligen „Likes", die Sammlung von Freunden auf facebook oder die Vernetzung mit wichtigen Personen ältere Menschen motivieren, sich an den sozialen Medien zu beteiligen. Motivierend sind hier nur emotional bedeutsame Kontakte.

Ein Defizit kann freilich auch bei den älteren Menschen selbst liegen, indem eben doch die Offenheit nicht groß genug ist, auch diese Schwelle wurde in den Gesprächen angesprochen (Anhang B).

Der Besitz und der Einsatz technischer Geräte (z.B. Mobiltelefon, Hörgerät etc.) und des Internets können den Alltag für Senioren deutlich erleichtern.

Gleichwohl erscheinen auch in Forschungsarbeiten ältere Menschen weniger technikaffin als jüngere. Immerhin nutzt nach den Daten der Generali-Studie jeder zweite im Altersbereich zwischen 65 und 85 das Internet, allerdings besteht hier noch immer ein Alters- und Geschlechtsunterschied: Über den untersuchten Altersbereich sinkt die Internetnutzung von zunächst zwei Drittel (65 bis 74) auf ein Drittel (bei den 75- bis 85-Jährigen), und Männer nutzen das Internet häufiger als Frauen. Die Generali-Studie konstatiert auch einen starken Effekt der sozialen Schicht (einer Kombination aus Einkommen, Bildung und Beruf): In der unteren Sozialschicht liegt die Internetnutzung unter Älteren bei lediglich 23 Prozent, in der oberen dagegen bei 81. Alle diese Zahlen liegen erwartungsgemäß deutlich niedriger als in jüngeren Alterskohorten (siehe hierzu auch Exkurs 7). Gleichwohl ist die Ausbreitung des Internets wiederum in keiner anderen Altersgruppe so dynamisch und rasant wie eben bei den über 65-Jährigen. Zum Teil liegt das natürlich an einem Deckeneffekt: Wo die Internetnutzung nahe bei 100 Prozent liegt, kann selbstverständlich keine Steigerung mehr stattfinden. Zum Teil ist aber auch eine grundsätzlich hohe Innovationsoffenheit unter den Älteren zu beobachten (siehe auch 5.1.2), und auch dies begünstigt die Ausbreitung digitaler Medien in dieser Altersgruppe.

Kamin und Lang (2016) untersuchten anhand von Daten aus dem Sozioökonomischen Panel (Wagner et al., 2007), von welchen Faktoren der Besitz von technischen Geräten abhängt. Von besonderem Interesse war dabei, welche Bedingungen die Wahrscheinlichkeit erhöhen, dass ältere Menschen über technische Geräte verfügen. Die Untersuchung konnte an einem großen Datensatz von über 3000 Personen im Alter von 18 bis 94 Jahren durchgeführt werden. Verfügbar waren aus dieser Personengruppe unter anderem sozioökonomische Daten, Informationen über den Besitz von verschiedenen Produkten sowie Ergebnisse von kognitiven Leistungstests aus den Bereichen Wahrnehmungsgeschwindigkeit und Wortflüssigkeit. Nicht bekannt war, inwieweit die technischen Produkte genutzt und eingesetzt werden.

Im Zentrum der Betrachtung standen die psychologischen Faktoren, nämlich die unterschiedlichen Aspekte der kognitiven Fähigkeiten: Wahrnehmungsgeschwindigkeit kann als Hinweis auf die generelle Effizienz der Informationsverarbeitung gedeutet werden – im weiteren Sinne berührt das Konzept auch Aspekte der fluiden Intelligenz, etwa schlussfolgerndes Denken oder Lerngeschwindigkeit. Diese Fähigkeiten nehmen mit dem Alter tendenziell ab. Wortflüssigkeit ist demgegenüber eher über das Alter stabil. Diese Fähigkeit repräsentiert verhältnismäßig pragmatische Fähigkeiten der Alltagsbewältigung, die eher auf Wissen als auf schneller Informationsaufnahme basieren (siehe Kapitel 4.1).

Die Daten von Kamin und Lang (2016, siehe dort vor allem S. 243, Table 3) sind in mehrfacher Hinsicht interessant. Zum einen zeigen sie eine ganze Reihe von soziodemographischen Faktoren auf, von denen der Besitz und die Anzahl von technischen Geräten im Haushalt abhängen. Der mit Abstand stärkste Faktor ist in der Tat das Alter: Je älter die Personen werden, desto weniger technische Geräte besitzen sie überhaupt. Der zweitwichtigste Faktor ist das Einkommen: Haushalte mit höherem Einkommen verfügen über mehr technische Geräte. Beide Faktoren sind sicher in hohem Grade erwartbar. Plausibel, aber vermutlich deutlich weniger trivial ist demgegenüber der drittwichtigste Faktor: Das Zusammenleben mit einem Kind oder Jugendlichen. Ältere Menschen, die mit Angehörigen der jüngeren Generation zusammenleben, besitzen auch mehr technische Geräte. Einen ähnlichen, wenn auch schwächeren Effekt hat das Zusammenleben mit einem Partner. Dies unterstützt die eingangs zitierten Ansichten aus den Experten-Interviews: Auch hier wurde betont, wie wichtig die Begleitung bei der Technologienutzung ist.

Von besonderem Interesse war – wie schon gesagt – die kognitive Leistungsfähigkeit der Panelteilnehmer. Generell kann man feststellen, dass kognitiv leistungsfähige Menschen mit höherer Wahrscheinlichkeit auch technische Geräte besitzen als weniger leistungsfähige Menschen. Tatsächlich war die Wahrnehmungsgeschwindigkeit der viertwichtigste Faktor, von dem der Besitz technischer Geräte abhängt. Wortflüssigkeit war ebenfalls bedeutsam, allerdings auf niedrigerem Niveau. Die Leistungsfähigkeit beeinflusst den Besitz von technischen Geräten nicht nur direkt. Sie dämpft auch den Einfluß des Alters: In der Gruppe der hoch leistungsfähigen Panelteilnehmer ist der Zusammenhang zwischen Alter und dem Besitz von technischen Geräten geringer als in der Gruppe der niedrig leistungsfähigen. Das gilt insbesondere für die Wahrnehmungsgeschwindigkeit: Wenn ältere Menschen in diesem Bereich noch hohe Leistung erbringen, ist auch die Menge an technischen Geräten, über die sie verfügen, nicht so viel geringer als bei jüngeren – im Vergleich zu Personen mit geringer Wahrnehmungsgeschwindigkeit.

Die Befunde von Kamin und Lang (2016) zeigen, dass die kognitive Verfassung älterer Menschen sehr stark bestimmt, ob sie an den technologischen Fortschritten teilhaben und davon profitieren. Viele technische Geräte, etwa aus der Medizin- oder Kommunikationstechnik, sind geeignet, altersbedingte Belastungen zu mildern. Wenn nun gerade eine abnehmende geistige Leistungsfähigkeit dem Einsatz solcher Geräte entgegensteht, könnten damit natürlich genau jene Personen davon ausgeschlossen werden, die davon am meisten profitieren würden.

Betrachtet man die Nutzung der digitalen Technologie, so bestätigt sich die Erwartung, dass Senioren bei der Nutzung von Smartphone und Internet vor allem „Notfälle" und das Ziel der sozialen Kontakte vor Augen haben und dass sie darin vor allem für sich persönlich den Nutzen des Internets sehen. An den Zusatzfunktionen von Smartphones besteht nur ein geringes Interesse (Gatto & Tak, 2008; Generali Deutschland AG, 2017d).

Barrieren werden sehr wohl gesehen, zum Beispiel mögliche Frustration bei komplizierten Bedienungsschritten oder Sicherheitsbedenken. 39 Prozent der 65- bis 85-Jährigen erklären, dass sie sich durch den technischen Fortschritt, eben auch durch neue digitale Medien überfordert fühlen. Dies hängt unmittelbar mit der Nutzung zusammen: Das Gefühl der Überforderung ist erwartungsgemäß besonders hoch bei Personen, die Internet und digitale Medien nicht nutzen. Ein anderer damit vermutlich zusammenhängender Faktor ist die soziale Schicht: Personen mit niedrigem sozioökonischem Status fühlen sich häufiger überfordert als Personen mit hohem Status, und gleichzeitig hängt wie schon gesagt die Nutzung ebenfalls mit dem sozialen Status zusammen (siehe hierzu auch Exkurs 7).

Exkurs 7: Droht eine „digitale Spaltung"?

Im Rahmen der Generali Altersstudie findet sich eine Reihe von Befunden, die auf einen „digitalen Graben" zwischen den Generationen und eine „digitale Spaltung" zwischen Internet-Affinen und digital Abgehängten hinauslaufen (Ehlers & Naegele, 2017). Wer digitale Medien nicht nutzt, büßt dadurch nicht nur einen allenfalls noch entbehrlichen Komfort ein. Die Menge der analogen Alternativen schrumpft auch in Lebensbereichen, die für die Bewältigung des Alltags zentral sind, seien dies nun Einkäufe, Bankgeschäfte oder Behördengänge. Hier gibt es mindestens drei Gruppen, die dabei den Anschluß zu verlieren drohen: Ältere im Vergleich zu Jüngeren, Frauen im Vergleich zu Männern und Angehörige einer niedrigen sozialen Schicht im Vergleich zur höheren.

Erwartungsgemäß kumulieren im Alter die Folgen der sozialen Ungleichheit, so dass vielleicht in der Tat ein Risiko besteht, dass große Teile der älteren Generation auch in Zukunft nicht mit den Entwicklungen der digitalen Welt mithalten können und eine bereits vorhandene digitale Spaltung in Zukunft noch weiter wächst (Ehlers & Naegele, 2017).

Um diese Bedrohung bewerten zu können, muß zunächst auf die Ursachen geschaut werden. Der sozioökonische Status ist zwar eine verhältnismäßig einfach zu erhebende Variable, und er erlaubt eine ganze Reihe von sehr bedeuteten Vorhersagen – dies zeigt die Generali Altersstudie (2017a) an vielen Stellen. Andererseits ist diese Variable nur schlecht geeignet, um Ursachen zu klären und Maßnahmen abzuleiten. Vielmehr ist der soziale Status nur eine Deckvariable, hinter der sich die eigentlich wirksamen Ursachen noch verbergen. Dies soll in starker Vereinfachung hier an einem Beispiel illustriert werden:

Wäre der soziale Status per se bereits die Ursache für die „digitale Spaltung", dann müsste sich das Verhalten gegen über digitalen Medien ändern, sobald eine Person ihren sozialen Status ändert (z.B. arbeitslos wird und sich das Einkommen drastisch verringert). Dies ist natürlich hoch unplausibel. Gleichwohl ist der Gedanke gegenüber dem Konzept unfair, da der soziale Status ja nicht nur durch Beruf und Einkommen, sondern auch durch

Bildung geprägt wird – und die läßt sich nicht von einem auf den anderen Augenblick verringern oder steigern. Allerdings zeigt der Verweis auf dieses Kernelement des sozialen
Status auch gleichzeitig das Problem des Konzeptes auf, wenn man es als Erklärung verwenden will: Effekte der Status-Zugehörigkeit gehen eben offenbar nicht auf den Status an
sich zurück, sondern eher auf ein Merkmal, das mit dem Status zusammhängt – im Fall der
Bildung also auf eine für bestimmte soziale Statusgruppen spezifische Form der Sozialisation.

Eine Möglichkeit der Interpretation ist also, dass Unterschiede im sozioökonomischen
Status mindestens zum Teil auf unterschiedliche Sozialisation zurückgehen, und dass diese
Unterschiede auch für die digitale Spaltung sorgen.

Welche Rolle die Sozialisation in Einstellungen und Werthaltungen spielen, zeigt sich
eindrucksvoll an Geschlechtsunterschieden in den älteren Generationen: Ältere Frauen
nutzen das Internet deutlich seltener als Männer (40 vs. 62 %, Generali Deutschland AG,
2017d, S. 112). Dieser Unterschied geht aber vermutlich auf eine überkommene Sozialisation zurück, der zufolge Technik „Männersache" ist. Ein solcher Unterschied besteht in
der jüngeren Bevölkerung nicht mehr. Im Altersbereich zwischen 14 und 64 Jahren liegt die
Quote der Internetnutzer bei Frauen und Männern mit 87 vs. 90 Prozent praktisch gleich
hoch. Somit ist eine digitale Spaltung nach Geschlecht wohl eher ein „aussterbendes" Problem – auch dank der Sozialisation, die heute andere Werte vermittelt als früher.

Dass sich hinter dem sozioökonomischen Status in der Tat auch unterschiedliche Werthaltungen verbergen, zeigen im Übrigen auch die psychographischen Zielgruppenmodelle,
die in 2.2 beschrieben wurden. Zum Beispiel zeigen die Auswertungen zu den drei Segmenten der Best Ager von Kantar TNS (siehe TNS Infratest, 2009, S. 12 und S. 17), dass
die „passiven Älteren" ein deutlich niedrigeres Einkommen haben als die „erlebnisorientiert
Aktiven". Gleichzeitig unterscheiden sich die Gruppen in ihrer Zustimmung zu bestimmten
Werthaltungen, z.B. Materialismus, Traditionsverbundenheit, Lustorientierung etc.

Für die digitale Spaltung sind allerdings weniger die Unterschiede in Einstellungen und
Werthaltungen, sondern eher die im Bereich Bildung relevant. Diese gehen ebenfalls – mindestens zum Teil – auf Sozialisationsunterschiede zurück, also auf schichtspezifisch unterschiedliche Bildungsangebote. Die soziale Umwelt prägt also sowohl die Möglichkeit als
auch die Bereitschaft, an der digitalen Entwicklung teilzunehmen. Nach dieser Interpretation
verbergen sich hinter den Effekten des sozialen Status bestimmte Erfahrungen, Lebensläufe
und Historien, die der eigentliche Grund für eine schichtbedingte digitale Spaltung sind.

Ein etwas anderer Interpretationsansatz ist der folgende: Einer der wichtigsten Faktoren
für die Technologienutzung im Alter ist die allgemeine (fluide) Intelligenz (Kamin & Lang,
2016). Intelligenz hängt nachweislich und über die gesamte Lebensspanne hinweg mit den
Merkmalen des sozioökonomischen Status zusammen (z.B. Strenze, 2007, 2015). Erwartungsgemäß ist der Zusammenhang besonders eng im Bereich der Bildung: Unterschiede in
der Schulbildung gehen zu gut einem Drittel auf Intelligenzunterschiede zurück, und auch
in der bereits vorselegierten Gruppe derer, die einen höheren Bildungsabschluss anstreben,
sagen die noch verbliebenen Intelligenzunterschiede weitere Unterschiede in der (intellek-
tuellen) Bildung vorher (Stern & Neubauer, 2016; Strenze, 2015). Auch beim beruflichen
Erfolg ist Intelligenz der mit Abstand bedeutendste Prädiktor (z.B. Schmidt & Hunter,
2004). Tatsächlich ist das Einkommen das einzige der drei Bestimmungsstücke des sozioökonomischen Status, wo Intelligenz nicht wichtiger ist als die soziale Herkunft (Strenze,
2007).

Die Folgerungen aus dieser Interpretation der digitalen Spaltung ist nicht wesentlich anders als die aus der Sozialisations-Interpretation: Bildung ist der Schlüssel zur Überwindung oder Vermeidung einer digitalen Spaltung. Intelligenz ist im Grunde nichts anderes als die personseitige Chance auf Bildung. Die hier bestehenden Unterschiede gilt es, durch angepasste Angebote zu minimieren.

Deutlich andere Folgerungen ergeben sich eigentlich erst, wenn man hinter den sozioökonomischen Unterschieden vor allem Unterschiede in den finanziellen Möglichkeiten sieht. In diesem Fall würde die digitale Spaltung bereits dadurch vermieden, dass die Betroffenen mehr Geld oder alternativ besseren Zugang zur Hardware der digitalen Technologie bekommen. Dass eine solche Maßnahme ohne zusätzliche Vermittlung von Kompetenzen bereits erfolgreich wäre, ist zwar wenig plausibel. Allerdings zeigt z.B. die Untersuchung von Kamin und Lang (2016), dass nach dem Alter das Einkommen der zweitwichtigste Prädiktor für den Besitz von technischen Geräten ist – insofern kann dieser Punkt nicht unbedeutend sein. Zudem dürften sich Benachteiligungen an anderer Stelle noch stärker auswirken, wenn zu ihnen noch finanzielle Beschränkungen hinzukommen. Nicht umsonst betonen Ehlers und Naegele (2017, S. 120), dass sich im Alter verschiedene Effekte sozialer Ungleichheit kumulieren.

Wie stark die Diskrepanz zwischen jungen und älteren Nutzern der digitalen Medien in Zukunft sein wird, ist eine hoch spekulative Frage. Ehlers und Naegele (2017) erwarten eine dauerhafte Spaltung, die auch beim Nachwachsen der „digital natives" in das Rentenalter erhalten bleibt. Sie begründen das mit dem zunehmenden Tempo, in dem Produkte veralten.

Diesem Argument könnte man entgegenhalten, dass die unterschiedliche Sozialisation der „digital natives" im Vergleich zu den Vorgängergenerationen ja nicht nur die Vertrautheit mit den Medien ihrer Zeit enthält. Diese Sozialisation vermittelt vermutlich auch eine Anpassungsfähigkeit gegenüber Neuem und bestimmte Kompetenzerwartungen. Es ist erwartbar, dass „digital natives" von vornherein mit der Erwartung an Technik herangehen: ‚Das ist zu schaffen', was von älteren Generationen nicht im selben Sinne zu erwarten ist.

Es ist ohnehin offen, inwieweit sich das künftige Marketing darauf einlässt, Neuerungen zu verkaufen, die nicht in hinreichendem Ausmaß an Bekanntes anknüpfen. Nicht jede radikale Änderung der Vergangenheit erlaubt den Rückschluß auf eine ebenso radikale Änderung in der Zukunft. Zum Beispiel war die Anordnung der Zeichen auf einer Tastatur irgendwann einmal eine Festlegung für Geräte, die in der digitalen Gegenwart eine enorme Bedeutung haben. Trotzdem wird darauf eher aufgebaut, als dass an diesem Punkt sorglos weitere grundsätzliche Neuerungen vorgenommen werden.

Zudem ist fraglich, inwieweit das Marketing sich erlauben kann, die Benutzerfreundlichkeit zu vernachlässigen. Eine Entwicklung in diese Richtung ist unübersehbar. Hier sei nur daran erinnert, dass der Einstieg in digitale Medien heute deutlich geringere Hürden hat als zu den Zeiten von MS-DOS. Ältere sind und bleiben eine extrem wichtige Zielgruppe, insofern ist zu erwarten, dass sich der Trend zu mehr Benutzerfreundlichkeit fortsetzt und dass verstärkt „altersirrelevant" (im Sinne von 3.3) produziert wird.

Selbstverständlich beziehen sich diese Erwartungen auf eine Zukunft, die man nun einmal nicht kennt. Es ist kaum seriös vorherzusagen, welche Funktionen der digitalen Welt die gleiche Rolle erhalten werden wie die Computertastatur, und was morgen schon nicht mehr gilt, obwohl wir heute darauf bauen.

Richtig ist freilich: Das entscheidende Merkmal ist Bildung auf der einen Seite und die Überzeugungsarbeit auf der anderen, dass die Technik für einen selbst einen Vorteil bringt. Hier sind Bildungs- und Schulungsangebote wie der Digitale Kompass (siehe Anhang F) von enormer Bedeutung ebenso wie informelle Kommunikationskanäle wie Kirchengemeinden, Postbote oder Einzelhändler (wie im Interview Anhang C) vorgeschlagen.

Auf der anderen Seite ist unter denjenigen Personen, die überhaupt das Internet nutzen, die Intensität der Nutzung hoch: In der Arbeit von Gatto und Tak (2008) waren 75 Prozent der Befragten Teilnehmer im Altersbereich von 59–85 Jahren mindestens fünf bis sechs Mal pro Woche online. In der Generali-Studie liegen die Werte für den Altersbereich 65 bis 85 zwar deutlich niedriger; hier sind 51 Prozent der befragten 65- bis 74-Jährigen mehrmals pro Woche online, bei den 75- bis 85-Jährigen sind es noch 25 Prozent (Generali Deutschland AG, 2017d, S. 112f). Trotzdem zeigen auch diese Daten: Wer überhaupt im Internet unterwegs ist, der nutzt es auch relativ intensiv, auf jeden Fall aber mehr als einmal die Woche (siehe auch Kamin, Lang & Kamber, 2016).

Ein Schwerpunkt der Internetnutzung betrifft Informationen aus dem Gesundheitsbereich (Gatto & Tak, 2008). Hier zeigen allerdings weiterführende Studien mit rund 7000 Teilnehmern im Alter von 65 und älter in den USA (Choi & DiNitto, 2013), dass es auch gesundheitsspezifische Barrieren gegenüber der Nutzung gibt. So nutzen Personen mit chronischen Gesundheitsbeschwerden tendenziell das Internet überzufällig häufig. Dispositionelle Ängstlichkeit oder Depressivität dagegen verringert die Wahrscheinlichkeit der Internetnutzung.

In der Stichprobe von Choi und DiNitto (2013), war zudem hohe Religiosität mit geringerer Nutzung von „Internetshopping" oder „-banking" assoziiert, was möglicherweise auf den Einfluß generell konservativer Einstellungen auf bestimmte Formen der Nutzung hinweist.

Auch in den umfangreichen Daten von Choi und Nitto (2013) bestätigt sich der eingangs zitierte Befund, dass mit höherem Alter die Internetnutzung vor allem der Pflege sozialer Kontakte dient. Trotz dem eingeschränkten Altersbereich der Studie (65 und älter) zeigte sich noch immer ein signifikanter Zusammenhang zwischen dem Alter und den Nutzungsformen. Bei Teilnehmern im Alter ab 80 Jahre war die Internetaktivität vor allem durch Emails dominiert.

Eine jüngere Studie zur Internetnutzung im deutschen Sprachraum stammt von der „Initiative D21" (siehe http://www.initiatived21.de), die seit 2013 mit Hilfe von Kantar TNS kontinuierlich das online-Verhalten der deutschen Bevölkerung untersucht. Die Stichproben der Einzelstudien umfassen fünfstellige Teilnehmerzahlen (n > 20.000), die Rekrutierungsmethode lässt einen repräsentativen Querschnitt der Bevölkerung erwarten. Das Ergebnis dieser laufenden Studie ist der

D21-Digital-Index. Im Folgenden wird aus dem Bericht für das Jahr 2015 zitiert (Initiative D21 & TNS Infratest, 2015).

Unter anderem wird in der Index-Studie danach gefragt, wie geläufig bestimmte Begriffe aus dem digitalen Bereich sind: Hier ist eine Bevorzugung deutscher gegenüber englischen Bezeichnungen interessant. So wissen 72 Prozent der Befragten etwas mit dem Begriff „soziale Netzwerke" anzufangen – im Unterschied zu 43 Prozenten für den Begriff „Social Media". Selbst der Begriff „Internetseite" ist geläufiger als „Homepage" (78 vs. 74 %). Diese Befunde gelten über die gesamte Bevölkerung hinweg. Allem Anschein nach gehört also die Bevorzugung deutscher Begriffe für die digitalen Medien nicht zu den Besonderheiten der älteren Zielgruppe.

Typisch für Senioren-Generationen sind eher andere Merkmale. Zum Beispiel prägen sie den Nutzertyp der „Außenstehenden Skeptiker", der in der untersuchten Stichprobe einen Anteil von 27 Prozent hat. Die Außenstehenden Skeptiker besitzen den mit Abstand geringsten Digitalisierungsgrad. Ihr Altersdurchschnitt liegt mit 65 Jahren deutlich über dem durchschnittlichen Alter der anderen Nutzertypen (Initiative D21 & TNS Infratest, 2015).

Das Ausmaß der digitalen Durchdringung beginnt eigentlich schon mit dem Alter von 40 zu sinken. Bis zu diesem Alter sind die für den „Digital-Index" der Studie relevanten Kriterien, „Nutzung", „Nutzungsvielfalt", „Kompetenz" und „Offenheit" auf einem hohen Niveau konstant. Oberhalb von 40 Jahren verringern sich die Werte für jede dann noch folgende Altersgruppe immer weiter, wobei besonders auffällige Einbrüche beim Zugang und der Nutzungsvielfalt zu verzeichnen sind, während gleichzeitig die Offenheit gegenüber dem Medium weniger dramatisch abnimmt (siehe Abbildung 5.3). Auch hier zeigt sich also der Befund: Ältere Menschen besitzen und nutzen viele digitalen Medien gar nicht erst, obwohl vielleicht die Offenheit gegenüber der Nutzung vorhanden ist. Zum Beispiel besitzen nur 28 Prozent der 65- bis 85-Jährigen ein Smartphone, bei den 14- bis 64-Jährigen sind es 60 Prozent; bei Tablets ist das Verhältnis ähnlich: neun vs. 29 Prozent (Generali Deutschland AG, 2017d, S. 114). Ein Grund für diesen Befund mag sich vielleicht in einem anderen Aspekt der Befragung zum Digital-Index offenbaren: Ältere Befragte veranschlagen den Nutzen der Digitalisierung, sei es für Wirtschaft, Gesellschaft oder Arbeitsbedingungen, geringer als jüngere. Allerdings zeigt sich dieser Unterschied erst in der Altersgruppe von 65 und mehr Jahren. Besonders groß ist die Diskrepanz zwischen den Altersgruppen bei der Aussage: „Die Digitalisierung nützt mir persönlich". Befragte im Alter von 65 und mehr Jahren stimmen hier nur zu 21 Prozent zu. Schon in der Altersgruppe 50–64 Jahre liegt die Zustimmung doppelt so hoch (43 %) und steigt bis zu den 14- bis 29-Jährigen auf 65 Prozent (Initiative D21 & TNS Infratest, 2015, S. 49).

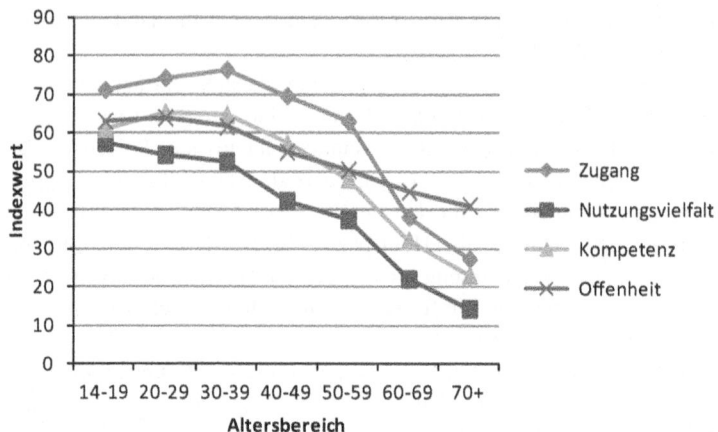

Abbildung 5.3 Indexwerte für verschiedene Nutzungsdimensionen der Digitalen Medien nach Altersgruppen (eigene Darstellung nach Initiative D21 & TNS Infratest, 2015, S. 27)

Anscheinend geht also die nachweisbare Offenheit gegenüber digitalen Medien nicht mit dem Gefühl einher, ganz persönlich etwas davon zu haben, wenn man sich mit den Medien beschäftigt. Vermutlich muss hier also noch eine entsprechende Motivation aufgebaut werden, nach der vor allem die Aussicht auf einen persönlichen Nutzen (und nicht nur das in der Gesellschaft vorherrschende Interesse) die Beschäftigung mit digitalen Medien antreibt.

Auch in Bezug auf einzelne Nutzungsformen unterscheiden sich die Altersgruppen: In sozialen Netzwerken sind rund 90 Prozent der 14- bis 29-Jährigen regelmäßig aktiv. Dieser Wert sinkt für die Gruppe über 50 Jahre auf 46 Prozent und ab 65 Jahren noch einmal auf 25 Prozent. Der Online-Einkauf ist mit 71 Prozent am stärksten in der Gruppe der 30- bis 49-Jährigen ausgeprägt. In der Altersgruppe 65+ sinkt er auf immerhin noch 49 Prozent. Besonders geringe Nutzungszahlen haben On-Demand und Streaming-Dienste (z.B. Spotify oder Watchever): In der jüngeren Zielgruppe liegt die Verbreitung bei 38 Prozent, oberhalb von 50 Jahren dann noch höchstens bei zehn Prozent (Initiative D21 & TNS Infratest, 2015, S. 27f).

Auch wenn generell die Offenheit gegenüber dem Internet und den digitalen Medien in der älteren Zielgruppe eher hoch ist, so zeigen Senioren doch in einzelnen Einstellungsdimensionen gegenüber jüngeren Befragten auffällige Werte. Besonders gering ist etwa im Vergleich zu Jüngeren die Zustimmung zu Aussagen wie:

- Wenn ich Informationen benötige, suche ich zuerst im Internet (14–29 77 % vs. 65+ 32 %)[4]
- In der Nutzung des Internets sehe ich viele Vorteile für mich (14–29 75 % vs. 65+ 33 %)
- Das Internet hilft mir, mehr mit Menschen in Kontakt zu bleiben als ich das durch Besuche oder telefonisch könnte (14–29 53 % vs. 65+ 19 %)

Besonders der letztere Befund könnte überraschen, wenn man unterstellt, dass ältere Menschen die sozialen Medien nutzen, um geringere Mobilität und andere Nachteile in der Erreichbarkeit zu kompensieren. Zum einen liegt der Zustimmungswert generell auf einem niedrigen Niveau, zum anderen scheinen nach den Befunden jüngere Menschen sogar eher als ältere die Sozialen Medien zur Kompensation für andere Formen der sozialen Interaktion zu nutzen. Der Befund bedeutet wohlgemerkt nicht, dass das Internet nicht geeignet wäre, soziale Bedürfnisse bei älteren Menschen zu befriedigen – er zeigt nicht einmal an, dass ältere Menschen geringere Mobilität nicht durch das Internet kompensieren. Die Daten sprechen allerdings dafür, dass dieses Verhalten und diese Einstellung nicht besonders stark ausgeprägt sind und dass sie auch nicht spezifisch ist für die ältere Generation.

Einigen Einstellungsdimensionen stimmen ältere Befragte eher zu als jüngere, darunter zählen Aussagen wie:

- Digitale Medien müssen heutzutage grundlegender Bestandteil aller Schulfächer sein. (14–29 37 % vs. 65+ 57 %)
- Häufig stoße ich bei der Nutzung digitaler Geräte, wie Computer, Tablet oder Smartphone an meine Grenzen. (14–29 18 % vs. 65+ 53 %)
- Ich versuche, das Internet so weit wie möglich zu meiden. (14–29 7 % vs. 65+ 34 %)

Ältere Befragte finden die digitalen Medien also hinreichend wichtig, um sie in die Schulfächer einzubinden. Dies spiegelt sicher die bereits zitierte hohe Offenheit in der älteren Zielgruppe. In diesem Sinne wird der Befund im Bericht der Initiative D21 wiederholt zitiert. Allerdings fragt sich, warum gerade dieser Aspekt der Offenheit in den jüngeren Altersgruppen fehlt. Sicherlich wird man

---

[4]In Klammern die Altersbereiche und der Anteil der Zustimmungen in Prozent, berichtet werden nur die extremen Altersbereiche, die Werte für die weiteren untersuchten Altersgruppen liegen bei der Zustimmung dazwischen.

nicht unterstellen können, dass jüngere Menschen es nicht wichtig finden, mit dem Internet und über das Internet zu lernen. Eher ist zu erwarten, dass in jüngeren Altersgruppen nicht unterstellt wird, dass man hierzu die Schule braucht. Eine denkbare Erklärung für den Altersunterschied könnte darin liegen, dass ältere Menschen einstellungsmäßig höhere Anforderungen an eine Lenkung und Regulierung des Umgangs mit dem Internet stellen, während jüngere Menschen vielleicht eher davon ausgehen, dass sich mögliche Probleme mehr oder weniger von selbst regeln. Freilich kann man den Befund auch in den Kontext der oben zitierten Beobachtung stellen, nach der ältere Befragte ohnehin den Nutzen des Internets für sich persönlich gering veranschlagen: In der Empfehlung für die Schule spiegelt sich dann auch die interne Verortung dieses gesamten Themenkomplexes als „etwas für die jüngere Generation".

Eine andere mögliche Erklärung geht davon aus, dass ältere Menschen sehr viel eher Kompetenzprobleme im Umgang mit digitalen Medien antizipieren, und dass die Einbindung dieses Bereiches in die Schule diesen Problemen auch bei der jüngeren Generation vorbeugen wird – auch wenn die betroffenen Jüngeren das ganz anders sehen. Klar ist jedenfalls, dass die Erfahrung von Kompetenzproblemen eher eine Sache der älteren Befragten ist. Dies zeigen die oben zitierten Daten. Auch ein gezieltes Meiden des Internets kommt eher bei Älteren vor – hier ist die Zustimmung in der jüngeren Altersgruppe vernachlässigbar klein.

Bleibt noch zu erwähnen, dass es durchaus Einstellungsdimensionen gibt, bei denen die Altersunterschiede gering sind. Dazu zählt etwa die Zustimmung zu der Aussage: „Ich nehme mir vor, in Zukunft öfter bewusst offline zu sein." Dies sagen, wenn überhaupt, dann eher jüngere Befragte. Allerdings liegt die Zustimmung bei den älteren nicht erheblich darunter (14–29 28 % vs. 65+ 19 %).

Im Bericht wird das Befundmuster zu den Altersgruppen wie folgt resümiert:

„Die Generation 65+ spricht sich mit 57 Prozent Zustimmung so vehement wie keine andere Altersgruppe für digitale Medien als ein grundlegender Bestandteil aller Schulfächer aus. ‚Digitale Bildung ist Trumpf in Zeiten des Wandels' betont eine Generation, die mehr als alle anderen Befragten über persönliche Erfahrungen mit gesellschaftlichen Veränderungen verfügt. Es wäre fatal, Teile der Bevölkerung im digitalen Wandel zu verlieren. Im Bereich der digitalen Kompetenz bestehen aktuell 58 Indexpunkte Unterschied zwischen den Nutzertypen ‚Außenstehender Skeptiker' und ‚Smarter Mobilist' ... Auch im Hinblick auf Offenheit ist die Lage ähnlich. Damit sich die Schere im Digitalisierungsgrad bei Bildung, Geschlecht und Alter weder verfestigt noch weiter auseinandergeht, bedarf es verstärkt nutzertypenspezifischer Fördermaßnahmen." (Initiative D21 & TNS Infratest, 2015, S. 31)

Wie soll nun eine solche Förderung aussehen? Hinweise darauf lassen sich möglicherweise auch der Beschreibung des Nutzertyps „Außenstehender Skeptiker" entnehmen (Initiative D21 & TNS Infratest, 2015, S. 16): Diese Gruppe ist nicht nur älter als der Durchschnitt der Befragten, sie besteht auch eher aus allein oder höchstens zu zweit lebenden Personen, aus nicht oder nicht mehr Berufstätigen und aus Personen mit geringem Einkommen. Diese Punkte zeigen nicht an, dass die „Skeptiker" auch gleich alle genannten Merkmale gleichzeitig besitzen. Die genannten Punkte sind in unterschiedlichem Grade alterskorreliert, etwas Haushaltsgröße und Berufstätigkeit sicher eher als Einkommen. Es bestätigt sich damit ein Punkt aus den Arbeiten von Kamin und Lang (2016, siehe oben): Digitalisierung und die Nutzung technischer Geräte ist unter Älteren verbreiteter, wenn diese nicht allein, und insbesondere wenn sie mit Jüngeren zusammenleben.

Auch zum digitalen Einkauf bzw. Digital Commerce legt die Studie der Initiative D21 altersspezifische Daten vor (siehe Tabelle 5.2). Die ältere Nutzergruppe ist in den betrachteten Service-Bereichen tendenziell unterrepräsentiert, eine Ausnahme bilden Fahrdienste und sehr viel mehr noch Putzdienste und Handwerker. Erstaunlich erscheint vielleicht, dass Lieferdienste nicht zu den häufig genutzten Dienstleistungen in der älteren Zielgruppe zählen. Hier sticht die Gruppe der 14- bis 29-Jährigen mit einer überdurchschnittlichen Nutzung hervor. Weitergehende Auswertungen zeigen an, dass insbesondere Eltern bzw. Familien mit Kindern Lieferdienste beanspruchen. Diese Auswertungen geben immerhin eine Andeutung darauf, welches Nutzungsverhalten hinter den Daten steht – jedenfalls scheint die Beanspruchung von Lieferdiensten zur Kompensation mangelnder Mobilität nicht das zentrale Nutzungsmuster zu sein.

Tabelle 5.2 Nutzung von Digital Commerce-Dienstleistungen nach Alter aufgeschlüsselt (Angaben zum n: Basis Internetnutzer, die regelmäßig Dienstleistungen online bestellen: n = 453, 14–29 Jahre: n = 55, 30–49 Jahre: n = 155, 50–64 Jahre: n = 154, 65+ Jahre: n = 89, Angaben in Prozent; Quelle: eigene Darstellung nach Initiative D21 & TNS Infratest, 2015)

	Gesamt	14–29	30–49	50–64	65+
Reisen	53	46	51	65	46
Lieferdienste	48	64	56	31	20
Private Unterkünfte	29	32	29	26	32
Fahrdienste	16	11	19	16	18
Carsharing	10	21	11	2	2
Putzdienste und Handwerker	8	5	5	11	19
Betreuungsdienste	2	0	2	2	1

In Bezug auf Datensicherheit und Vertrauen in die digitalen Medien verhalten sich die älteren Internetnutzer nicht besonders auffällig. Zumindest sind sie allem Anschein nicht sorgloser als die jüngeren. Die Weitergabe persönlicher Daten versuchen alle Internetnutzer (über 90 %) unabhängig vom Alter möglichst zu vermeiden. Übrigens halten auch die weitaus meisten Deutschen (mehr als 75 %) Politik und Unternehmen für wenig vertrauenswürdig, wenn es um den Umgang mit persönlichen Daten geht. Als vertrauensbildende Maßnahmen nennen die Befragten mit hoher Übereinstimmung „Verständliche Sprache" und „Transparente Prozesse, z.B. bei Bestellungen" (Zustimmung im Mittel bei 85 und 76 %). Hier sind die Altersunterschiede gering. Allerdings fällt auf, dass generell ältere Befragte (im Alter von 65+) – offensichtlich unabhängig vom Umfang, in dem sie das Internet nutzen – den vertrauensbildenden Maßnahmen weniger zustimmen als die jüngeren Altersgruppen. Dies gilt zum Beispiel für Gütesiegel, Warnhinweise oder Sicherheitshinweise. Besonders ausgeprägt ist der Unterschied in der Einschätzung von Bewertungssystemen (z.B. Rezensionen anderer Nutzer): 71 Prozent der 14- bis 29-Jährigen sehen darin eine vertrauenschaffende Maßnahme, aber nur 33 Prozent der über 65-Jährigen (Initiative D21 & TNS Infratest, 2015, S. 40ff). Generell scheint also ein ohnehin schon nicht hohes Vertrauen in die Datensicherheit in der älteren Bevölkerung sogar besonders gering ausgeprägt zu sein. Hierbei ist zu beachten, dass sich die vorgenannten Daten auf die Gesamtbevölkerung unabhängig von der Internetnutzung beziehen. Die folgenden Daten beziehen sich dagegen wieder nur auf tatsächliche Internetnutzer:

Altersunterschiede gibt es in einzelnen Strategien, mit denen Internetnutzer sich vor Datenmißbrauch schützen: Das Abschalten der Ortungsfunktion oder der Webcam ist eher bei jüngeren Internetnutzern zu beobachten, das Meiden öffentlicher WLAN-Hotspots eher bei älteren (Initiative D21 & TNS Infratest, 2015, S. 41). Allerdings dürften diese Differenzierungen vermutlich eher auf unterschiedliche Nutzungsgewohnheiten zurückgehen als auf unterschiedliche Vorsicht.

Insgesamt machen die Daten der Initiative D21 deutlich, dass die Digitalisierung in der älteren Bevölkerungsgruppe unterdurchschnittlich ausgeprägt ist und dass hier gezielter Förderbedarf entsteht. Worin der Bedarf genau besteht und welche Maßnahmen am ehesten zum Erfolg führen würden, zeigen die Daten des Berichts nur indirekt. Auch wenn dies nicht ganz ausdrücklich in der Untersuchung erhoben wurde, scheint doch neben anderen Problemen nicht zuletzt die Motivation zur Beschäftigung mit dem Internet noch zu gering zu sein: Ältere Befragte sehen nur zu einem erschreckend geringen Anteil für sich persönlich einen Vorteil in der Nutzung der digitalen Medien. Vielleicht liegt auch in diesem Befund – neben den sicherlich bestehenden Ängsten vor dem Scheitern am Medium – ein Grund für die Altersunterschiede in der Digitalisierung.

Es bleibt noch zu erwähnen, dass die Internetnutzung insgesamt über die Jahre hinweg stark zunimmt: Im historischen Vergleich hat sich von 2001 bis 2015 die Zahl der „Onliner" von 37 Prozent auf 77,6 Prozent mehr als verdoppelt (Initiative D21 & TNS Infratest, 2015, S. 54f). Auch wenn die Werte seit einigen Jahren nicht mehr gar so rasant ansteigen, ist doch zu erwarten, dass Befunde aus der Gegenwart recht schnell veralten, und dass gerade im höheren Erwachsenenalter besonders starke Entwicklungen stattfinden.

5.4 Zusammenfassung

Die finanzielle Lage der älteren Bevölkerung ist insgesamt als gut zu bezeichnen. Trotzdem erscheint vielen Älteren Altersarmut durchaus als ein Problem, zum einen, weil sie glauben, anderen gehe es schlechter als ihnen selbst, zum anderen, weil sie nicht sicher sind, zukünftig in ähnlich guten materiellen Verhältnissen zu leben wie jetzt.

Die wichtigsten materiellen Stützen für das höhere Alter sind das Rentensystem und Immobilienbesitz. Späte Berufstätigkeit ist dagegen eher kein Mittel zur Vermeidung von Altersarmut. Die Option, auch nach der Rente noch arbeiten zu gehen, haben ohnehin nur Ältere mit entsprechender Berufsausbildung und gutem Gesundheitszustand, die allein aus diesen Gründen schon eher zu den Wohlhabenderen zählen.

Beim Ausgabe-Verhalten in der älteren Bevölkerungsgruppe ist einer der wichtigsten Faktoren die Haushaltsgröße, womit zumeist der Unterschied zwischen Paaren und Alleinlebenden gemeint ist. In den meisten Fällen sind die pro Kopf-Ausgaben für Paare geringer als für allein lebende Personen, allerdings gibt es auch Ausnahmen. Zum Beispiel scheinen ältere Menschen, solange sie in Partnerschaften leben, relativ mobil zu sein, während sich die Mobilität (bzw. die Kosten für diesen Faktor) für allein lebende (verwitwete) Ältere drastisch verringern. Mit dem Alter sinken die Ausgaben in Lebenshaltung, Kleidung und Ernährung. Das Schenken von Vermögen aber auch von Dingen wird mit dem Alter dagegen ein zunehmend wichtiger Posten in den Ausgaben.

Bei Ausgaben zum Reisen zeigt sich ein Anstieg mit der Pensionierung. Generell sieht es allerdings so aus, als sei das Freizeitverhalten eher von der Geburtskohorte als von dem Lebensalter abhängig: Menschen machen im Alter das, was sie auch in jüngeren Jahren gern gemacht haben. Hohe Reiseintensitäten im höheren Alter sind also oft ein Ausdruck dessen, dass nun Bevölkerungsgruppen mit ohnehin hoher Reiseaffinität ins Rentenalter kommen. Ähnliche Entwicklungen zeigen sich auch bei anderen Freizeitgewohnheiten, z.B. bei Konzertbesuchen.

Detaillierte Verbrauchsdaten für die deutsche Gesamtbevölkerung liegen in unterschiedlichen Verbraucherpanels vor (z.B. SOEP, VUMA, best for planning). Die Daten lassen sich spezifisch für bestimmte Altersgruppen und andere demographische sowie psychographische Segmenten und Lebenswelten vornehmen.

Die Nutzung technischer Geräte und digitaler Medien ist für das höhere Erwachsenenalter nicht nur als dauerhafte Teilhabe am gesellschaftlichen Leben und zur Integration in die soziale Umwelt wichtig. Viele Technologien sind gezielt auf das Alter und die Erleichterung des Lebens im Alter gerichtet.

Von Seiten der Umwelt ist die Vorbedingung für Besitz und Nutzung von Technologien erneut die Haushaltsgröße. Die Technologienutzung ist deutlich stärker, wenn ältere Menschen nicht allein, vor allem wenn sie mit jüngeren Menschen zusammenleben. Auf Seiten der Person hängen vor allem höhere Fähigkeiten in fluider Intelligenz bzw. ein verzögerter Abbau in diesem Leistungsbereich mit der Technologienutzung zusammen.

Wenn man voraussetzt, dass technische Geräte geeignet sind, altersbedingte Defizite zu kompensieren, kann man die Ergebnisse auch so verstehen, dass gerade diejenigen Personen, die besonders von der Technologie profitieren würden, am wenigsten davon besitzen und nutzen.

Insgesamt ist die ältere Bevölkerungsgruppe unter den Nutzern des Internets noch immer unterrepräsentiert. Allerdings ist die Internetnutzung unter Älteren, wo sie überhaupt stattfindet, sehr intensiv. Ein Hauptanliegen für die Nutzung digitaler Medien unter älteren Menschen ist die Pflege sozialer Kontakte. Gesundheitsthemen sind ebenfalls bedeutsam. Ältere Menschen mit chronischen Krankheiten nutzen das Internet besonders intensiv – vermutlich auch um gesundheitsbezogene Informationen einzuholen oder auszutauschen. Allerdings dämpfen auch manche Beschwerden die Bereitschaft zur Internetnutzung, Ängstlichkeit und Depressivität gehören dazu.

Die Nutzung des Internets durch die ältere Zielgruppe ist noch sichtbar unterdurchschnittlich, und es besteht hierin ein Förderbedarf. Neben erwartbaren Hemmnissen gegenüber digitalen Medien (z.B. Angst vor Versagen) besteht eine erstaunlich geringe Erwartung, überhaupt persönlich von der Nutzung digitaler Medien zu profitieren.

Desiderate und Forschungslücken: Die Möglichkeit der Auswertung von Konsumdaten ist sehr groß – hier müssten spezifischere Fragen formuliert und gezieltere Auswertungen vorgenommen werden. Forschungsfragen ergeben sich zum Beispiel aus der Annahme spezifischer alterskorrelierter Gefährdungen (siehe Kapitel 6).

Um die Nutzung von Technologie und Medien unter älteren Menschen zu verstärken, sind zum einen Aufklärung und der Aufbau von Kompetenzen erforderlich.

Andererseits scheint aber auch die Motivation und die Überzeugung, persönlich davon zu profitieren unter Älteren noch zu gering zu sein. Hier wären ggf. weitere Kommunikationsformen bzw. Argumentationsstrategien zu entwickeln, die stärker auf Bedürfnisse des höheren Erwachsenenalters eingehen. Die bereits existierenden Maßnahmen (z.B. digital-kompass.de, siehe Anhang F) sollten wissenschaftlich begleitet und evaluiert werden.

Um eine drohende „digitale Spaltung" zwischen Internetaffinen und digital Abgehängten abzuwenden, könnten verschiedene Maßnahmen ergriffen werden – angefangen bei angepassten Schulungsmaßnahmen über die materielle Gestaltung der Umwelt bis hin zur Marketingmaßnahmen. Hier ist vor der Erprobung und Evaluation konkreter Maßnahmen auch die Theoriebildung gefragt, um die bislang noch vieldeutigen Zusammenhänge der digitalen Durchdringung mit dem sozioökomischen Status zu klären.

Altersspezifische Vulnerabilitäten

6

Die vorausgegangene Diskussion hat mindestens implizit bereits eine Vielzahl von möglichen Punkten identifiziert, die alte Menschen besonders anfällig gegenüber problematischen Marketing-Aktivitäten machen (siehe vor allem Kapitel 4): Veränderungen des episodischen Gedächtnisses im Alter, Schnelligkeit der Informationsverarbeitung, des abstrakten Denkens und kreativen Problemlösens, positiv verzerrte soziale Wahrnehmung und in der Folge geringeres Mißtrauen...

Diese Merkmale lassen in der Tat die ältere Zielgruppe besonders vulnerabel erscheinen – das soll auch das folgende Kapitel aufzeigen. Allerdings bedeutet eine erhöhte Vulnerabilität nicht gleichzeitig auch eine hohe Prävalenz von dazu passenden Delikten. In ihrer Überblicksarbeit und Meta-Analyse betonten Ross, Grossmann und Schryer (2014) bereits im Titel: „Contrary to psychological and popular opinion, there is no compelling evidence that older adults are disproportionately victimized by consumer fraud".

Als „consumer fraud" bezeichnen die Autoren Fälle, in denen Händler absichtlich die Vorteile von Transaktionen oder die Verfügbarkeit von Waren falsch darstellen, in denen sie Rechnungen für nicht erbrachte Leistungen oder nicht bestellte Waren einfordern oder Gewinne ankündigen, die nicht ausgehändigt werden. Nicht subsumiert werden dagegen Betrugsdelikte, bei denen Abhängigkeitsverhältnisse ausgenutzt werden, etwa von Familienmitgliedern, Nachbarn oder Pflegekräften.

Ross et al. (2014) betrachten drei unterschiedliche Datenquellen: Erstens Selbstberichte im Rahmen von Forschungsarbeiten, zweitens Beschwerdestatistiken von Verbraucherorganisationen und drittens Opferdaten Polizei und anderen Behörden. Die Daten stammen aus dem nordamerikanischen Kulturkreis. In der Zusammenschau der Befunde zeigt sich im Altersvergleich kein Anstieg von „consumer fraud" in der höheren Altersgruppe, eher ist das Gegenteil der Fall.

© Springer Fachmedien Wiesbaden GmbH 2018

G. Felser, *Konsum im Alter,*

https://doi.org/10.1007/978-3-658-20243-9_6

Angesichts dieser Befunde fragt sich, wie der starke Eindruck einer erhöhten Prävalenz von Betrug im Konsumbereich überhaupt entsteht. Nach Ansicht von Ross et al. (2014, S. 438) geht er auf drei Faktoren zurück: Erstens schafften die nachweisbaren kognitiven und emotionalen Veränderungen im Alter unbestreitbar eine erhöhte Anfälligkeit gegenüber einer ganzen Reihe von manipulativen Strategien. Zweitens gehörten nachlassende kognitive Fähigkeiten und Beeinflussbarkeit zum gängigen Altenstereotyp. Drittens zeige aber auch die Alltagserfahrung, dass ältere Menschen durchaus häufiger Opfer von betrügerischen Strategien im Konsumbereich werden. Dieses „häufiger" beziehe sich allerdings nur auf den Vergleich von Straftaten innerhalb der älteren Bevölkerungsgruppe: Wenn ältere Menschen überhaupt Opfer einer Straftat werden, dann betrifft das in der Tat mehrheitlich Betrug im Konsumbereich. Solche Delikte sind im höheren Alter doppelt so häufig wie zum Beispiel Überfälle und Körperverletzung. Im jüngeren Erwachsenenalter sind diese Deliktformen noch ungefähr gleich häufig. Dies zeigt allerdings nicht, dass Betrugsdelikte mit dem Alter zunehmen. Vielmehr geht in allen anderen Bereichen die Häufigkeit, mit der Menschen Opfer einer Straftat werden, mit dem Alter zurück (Carcach et al., 2001, zit. n. Ross et al., 2014, S. 438; Görgen et al., 2014).

Mit anderen Worten: Betrug im Konsumbereich geht im Alter nicht in der selben Stärke zurück wie andere Deliktformen. Dies kann dazu führen, dass diese Art von Straftaten auch absolut häufig erscheinen, obwohl sie es nur in einem relativen Sinne sind. Dieser Eindruck werde nach Ross et al. (2014, S. 431) noch bekräftigt durch die Dominanz von anekdotischer Evidenz etwa in Medien oder in der persönlichen Kommunikation, wo dann Einzelfälle von Betrug und Opfergeschichten einen zu tiefen Eindruck hinterlassen, hinter dem belastbare Daten oft zurückstehen.

Ross et al. (2014, S. 438) folgern aus ihrer Analyse, dass es keinen erhöhten Schutzbedarf für ältere Personen im Vergleich zu jüngeren gebe und dass sich der Verbraucherschutz allen Altersgruppen in gleicher Weise zuwenden solle. Diese Folgerung erscheint insofern problematisch, als die besondere Anfälligkeit des höheren Erwachsenenalters gegenüber bestimmten manipulativen Strategien ja keineswegs bestritten wird. Selbst wenn diese Anfälligkeit nicht zu einer erhöhten Prävalenz von Täuschungen und Straftaten im höheren Altersbereich führen sollte, so bleibt doch die Tatsache, dass Konsumentinnen und Konsumenten unterschiedlichen Alters auch unterschiedliche Vulnerabilitäten haben. Schutzbedarf gibt es zwar für jede Altersgruppe, aber dieser Bedarf sollte nicht von vornherein auf jede Differenzierung verzichten – gerade dann nicht, wenn die spezifischen Angriffsflächen so offensichtlich sind.

Dabei ist freilich zu beachten, dass nicht alle bekannten Vulnerabilitäten direkte Folgen des Alters sind. Manche Punkte sind nur alterskorreliert, ohne für das Alter spezifisch zu sein. Dies betrifft zum Beispiel die Wahrscheinlichkeit, Opfer eines Überfalls zu werden: Dass ältere Menschen seltener überfallen werden als jüngere, liegt weniger daran, dass sie älter sind, als daran, dass sie seltener ausgehen. Diejenigen Älteren, die ausgehen, werden auch mit einer ähnlichen Wahrscheinlichkeit Opfer von Überfällen wie jüngere. Umgekehrt häufen sich natürlich bei ganz bestimmten Formen von „consumer fraud" sehr wohl die Fälle, in denen vor allem ältere Konsumentinnen und Konsumenten Opfer werden, so etwa im Bereich des Telemarketings im Unterschied zum Onlinehandel. (Ross et al., 2014, S. 437)

Opferrisiken sind selbstverständlich relativ zu Lebensgewohnheiten zu betrachten. Hier liegt eine offene Frage in Bezug auf die Analyse von Ross et al. (2014): Konsumgewohnheiten ändern sich über die Lebensspanne, unterschiedliche Altersgruppen haben unterschiedliche Gewohnheiten. Wer nicht im Internet einkauft, kann nicht beim Onlinehandel betrogen werden. Genauso gilt aber: Wer weniger ausgibt, kann auch bei diesen Ausgaben seltener bzw. nur um geringere Summen betrogen werden. Tatsächlich ist keine der von Ross et al. (2014) berichteten Statistiken an dem Ausgabeverhalten der jeweiligen Konsumentengruppen relativiert worden. Dies wäre noch zu prüfen: Wenn der Befund deutlich abnehmender Geldausgaben mit dem Alter Bestand hat (siehe 5.1.2), dann ist allein aus diesem Grund schon ein Rückgang von „consumer fraud" zu erwarten.

Neben dem tatsächlich veränderten Konsumverhalten können auch psychologische Argumente das Fehlen eines Alterseffekts bei Betrug im Konsumbereich erklären. Hierzu betonen Ross et al. (2014) die Rolle von protektiven Faktoren. Viele Probleme lassen sich durch Erfahrungswissen vermeiden – und überall dort, wo eine hinreichende Vertrautheit mit der Situation erwartet werden darf, schlagen sich alterskorrelierte Defizite auch nicht nieder. Außerdem gehört zum Alter auch die Entwicklung kompensatorischer Strategien (vgl. 4.4), und zu diesen Strategien gehört, dass zum Beispiel externe Hilfe eingefordert wird, wo die eigenen Leistungsmöglichkeiten nicht ausreichen. Zu dieser Überlegung passen auch die Stellungnahmen im Rahmen unserer Interviews (siehe vor allem die Anhänge A, B und C): Zum einen wird die hohe Nachfrage der Verbraucherzentralen unter älteren Konsumentinnen und Konsumenten damit begründet, dass Ältere einen unabhängigen Rat besonders wertschätzen. Zum anderen wird beobachtet, dass die Gefahr unvorteilhafter Entscheidungen deutlich herabgesetzt ist, wenn sich weitere Personen im eigenen Umfeld befinden, mit denen Entscheidungen zuvor noch einmal besprochen werden können.

Hier lohnt sich die Betrachtung eines parallelen Falles, nämlich der beruflichen Leistungsfähigkeit, die ebenfalls im Alter nicht in dem Maß abfällt, wie die altersbingten Leistungseinbußen eigentlich erwarten lassen (Salthouse, 2012). Diese Tatsache wird verständlich, wenn man sich vor Augen führt, dass sich Leistungseinbußen meist erst unter hoher Beanspruchung zeigen, während sie bei normaler Beanspruchung nicht sichtbar werden. Im normalen Berufsalltag sind nur selten und ausnahmsweise Höchstleistungen gefordert, und nur in diesen würde ein Altersunterschied wirklich sichtbar. Im Bereich des Konsumverhaltens wird dies sicher ähnlich sein.

Eine adaptive Strategie im Sinne von Baltes und Baltes (1990) würde darin bestehen, Situationen zu meiden, die bis an die Grenzen der eigenen Leistungsfähigkeit gehen. Allerdings ist, wie Salthouse (2012) betont, dies oft gar nicht erforderlich: Die Häufigkeit solcher Situationen wird vielleicht ohnehin überschätzt.

Forschungsergebnisse sind natürlich immer methodenkritisch zu betrachten, dies gilt auch für die Arbeiten, die der Analyse von Ross et al. (2014) zu Grunde liegen. Vor allem ist zu bedenken, dass sich das Fehlen eines auffälligen Alterseffekts nur dann zeigt, wenn man über unterschiedliche Deliktformen aggregiert. Für ganz bestimmte Delikte finden sich sehr wohl Alterseffekte (Ross et al., 2014, S. 437).

Weiterhin sind natürlich auch Selektionseffekte zu bedenken. Selbstberichte, Beschwerdestatistiken oder Justizdaten sind eigentlich nur dann zweifelsfrei interpretierbar, wenn man unterstellt, dass keine Altersgruppe von vornherein eine besondere Neigung oder aber besondere Hemmungen hat, sich zu beschweren, zuzugeben, Opfer geworden zu sein oder Anzeige zu erstatten. Diese Frage ist durch seröse Forschung gegenwärtig anscheinend nicht zu entscheiden (Ross et al., 2014; siehe auch Görgen et al., 2014).

Etwas weniger kritisch sieht es bei der Frage der konkreten Betrugsstrategien und ihrer Wirksamkeit aus: Hier könnten im Rahmen von Laborstudien die konkreten Mechanismen hinter den Strategien nachgewiesen und Annahmen über eine besonderen Schutzbedarf älterer Menschen untermauert oder widerlegt werden. Diese Art von Forschung ist möglich (so auch Ross et al., 2014, S. 437), allerdings ist auch hier ihr Geltungsbereich zu beachten: Mit Hilfe psychologischer Laborforschung kann gezeigt werden, wie, warum und bei wem bestimmte manipulative Strategien wirken. Diese Forschung zeigt aber nichts über die Prävalenz dieser Strategien außerhalb des Labors. Mit anderen Worten: Ein Schutzbedarf wäre nur über die Wirksamkeit der Strategien und die Vulnerabilität der Adressaten begründet, nicht aber darüber, dass die entsprechenden Strategien wirklich häufig angewendet und die Adressaten häufig deren Opfer werden.

Im Folgenden werden theoretische Argumente, Beschwerde- und Kriminalstatistiken, sowie der Beratungsbedarf bei den Verbraucherzentralen betrachtet. Insgesamt untermauern diese Argumente den Eindruck, dass die ältere Verbrauchergruppe sehr wohl besondere Vulnerabilitäten aufweist. In Bezug auf die Prävalenz von entsprechenden Delikten ist auch bei den folgenden, zumeist auf Deutschland bezogenen Daten eine nur vorsichtige Interpretation möglich. Auch wenn die zitierten Befunde eine erhöhte Prävalenz nahelegen (siehe vor allem Abbildung 6.3), sind sie doch nur anekdotisch und möglicherweise unrepräsentativ. Befunde auf einer größeren Datenbasis müssen erst noch gewonnen werden.

6.1 Gefährdungspotentiale aus Expertensicht: Vorschläge und ihre theoretische Einordnung

Die im Rahmen des Gutachtens geführten Gespräche (siehe Anhänge A ff) haben sich mehrfach mit der Frage nach Gefährdungspotentialen, nach Schutzbedarf und Vulnerabilitäten beschäftigt. Viele dieser Gedanken lassen sich entweder direkt mit empirischen Daten stützen oder sie verweisen auf allgemeinere und gut gesicherte psychologische Prinzipien. Aus diesem Grund sollen sie hier als Einstieg in die Themenstellung angerissen werden.

Erste Hinweise auf unterschiedlichen Schutzbedarf ergeben sich bereits aus den Vorschlägen zur Segmentierung. Die unterschiedlich starke soziale Integration ist ein wiederkehrendes Unterscheidungsmerkmal – und die Möglichkeit zum Austausch mit anderen wird als wichtiger protektiver Faktor gegen fragwürdige Marketingpraktiken angesehen (Anhang C).

Ein weiteres wichtiges Unterscheidungsmerkmal sei die berufliche Erfahrung. Vorbildung und Erfahrung mit Medien schütze ebenfalls vor „Fallen" (Anhang B und C). Außerdem gebe es noch einen erheblichen Ost-West-Unterschied, der zum einen durch die Sozialisation, also die geringe „Kapitalismus-Erfahrung" in der älteren Generation der „Ost-Bevölkerung" bedingt sei. Zum anderen bestehe im Osten allerdings auch eine deutlich geringere gesellschaftliche und politische Sensibilität für Fragen des Verbraucherschutzes (Anhang C).

Ein weiteres sehr wichtiges Kriterium wird in Anhang B angesprochen, nämlich die Frage, ob ein älterer Mensch bereits dementiell verändert sei. Besonders in den Anfangsstadien der Erkrankung nehmen diese Menschen noch immer am alltäglichen Konsumleben teil. Dies werde aber von der Umwelt kaum berücksichtigt. So seien z.B. Bankangestellte in keiner Weise darauf gefasst geschweige denn geschult, auf dementiell veränderte Menschen zu treffen und mit ihnen angemessen umzugehen.

Generell ist aus den Gesprächen hervorzuheben, dass die soziale Vernetztheit wohl eines der wichtigsten Unterscheidungsmerkmale für den Schutzbedarf
älterer Menschen in Fragen des Verbraucherschutzes ist. Ebenfalls wichtig sind
Unterschiede in der Bildung und Lebenserfahrung, einschließlich der Erfahrungen aus der vorangegangenen Berufstätigkeit. Da so gut wie jede(r), die oder der
nur hinreichend alt wird, auch dementielle Veränderungen erwarten muss (Baltes
& Smith, 2003), ist der Hinweis auf dieses Merkmal sehr wichtig und wird in seiner Bedeutung bei steigender Lebenserwartung auch noch zunehmen.

Im Rahmen der Interviews wurde eine ganze Reihe von Problempunkten angesprochen, die potentiell eine Vulnerabilität anzeigen. Viele der angesprochenen
Probleme betrafen alltägliche Hindernisse, z.B. Verpackungen, die sich nicht öff-
nen lassen; Beschriftungen und Gebrauchsanweisungen, die sich nicht lesen lassen; Sitzgelegenheiten in Kaufhäusern; Aufgänge in Bahnhöfen für Behinderte,
Fahrradfahrer oder Menschen mit Kinderwagen (Anhang B). Konkret wurde auch
angesprochen, dass die Handhabung von Smartphones und der zugehörigen Apps
Risiken berge, etwa wenn die AGBs, das Impressum oder andere Hinweise nicht
gut lesbar seien. Auch dass hierzu meist Scrollen erforderlich ist, erleichtere die
Entscheidung nicht. (Anhang C)

Solche Erschwernisse kann man unter dem Gesichtspunkt betrachten, dass
hier die Entscheider in eine „heuristische" Strategie gedrängt werden (im Sinne
von Kapitel 4.3). Die Seriosität von Angeboten wird nicht mehr geprüft, sondern
an oberflächlichen Indikatoren festgemacht, ggf. auch einem Gütesiegel. Alle
diese Indikatoren könnten auch gefälscht sein, was sich wiederum erst nach nähe-
rer Prüfung herausstellt. Freilich ist klar, dass niemand gerne diese Prüfungen
vornimmt – unabhängig vom Alter. Allerdings wächst mit dem Alter die Neigung
zu heuristischen Entscheidungen, was die Problematik wiederum als eine altersspezifische Vulnerabilität erscheinen lässt.

Zu diesen Punkten wurde der dringende Rat formuliert, für alle Altersgruppen
zu produzieren, nach dem Prinzip: „produziere für die Alten und du schließt die
Jungen mit ein." (Anhang B). Dies unterstreicht erneut das Resümee aus Kapitel
3.3 und Exkurs 3, dass Marketing und Werbung aus Sicht der älteren Generation
wesentlich leichter die jüngere Generation mit einschließt als umgekehrt ein Marketing aus Sicht der jüngeren die ältere Generation mit bedient.

Ein Beispiel, das zeigt, wie detailliert und scheinbar banal Probleme sein können: Geldscheinautomaten geben Banknoten nicht immer seitengleich heraus,
was das Nachzählen erschwert. „Menschen, die die Geldscheine ertasten, die
müssen den Schein immer umdrehen. Dies erhöht die Gefahr, dass die Menschen
bestohlen werden, weil das Geldabheben viel länger dauert." (Anhang B)

Ein eigener wichtiger Bereich ist der der Vorsorge. Aus Sicht unserer Gesprächspartnerin in Anhang B planen ältere Menschen zu wenig im Voraus. Dies betreffe die Wohnung aber auch Vorsorge und rechtliche Absicherung. Probleme durch zu wenig vorausschauendes Planen entstehen auch bei der Haushaltung. Das könne dann zu Schulden im Alter führen.

Hierin spiegelt sich allerdings ein generelles psychologisches Problem, nämlich dass insgesamt die Zukunft gegenüber der Gegenwart abgewertet wird (Soman et al., 2005). Dieses Problem äußert sich einerseits darin, dass zukünftige Vorteile nicht so schwer wiegen wie gegenwärtige, aber auch andererseits darin, dass zukünftige Probleme und Lasten nicht so gravierend sind wie gegenwärtige. Diese Urteilsverzerrung wird in Psychologie und Ökonomie intensiv untersucht. Es gibt eine Reihe von verstärkenden und abmildernden Bedingungen, die in weiterführenden Studien recherchiert werden sollten.

Ein weiterer Problembereich ergibt sich aus Verkaufstaktiken mit Kaltakquise. Hier werde in besonderer Weise in Druck auf ältere Menschen ausgeübt, bei dem deren besondere Situation ausgenutzt werde, insbesondere die Tatsache, dass ältere Menschen häufiger alleine leben – was als Risikofaktor bereits gut belegt ist (siehe auch unten 6.3). Die Situation verschärfe sich auch dadurch, dass in solchen Gesprächen der Eindruck erweckt werde, man kümmere sich in besonderer Weise um den Adressaten und mache sich dessen Probleme zu eigen (Anhang B).

In den Interviews ist an mehreren Stellen angesprochen worden, dass ältere Menschen in einer manipulativen Situation unvorteilhaft reagieren, weil sie zu höflich seien (Anhang B und C). Es ist vermutlich wissenschaftlich nicht leicht, seriös die Frage zu beantworten, ob ältere Menschen höflicher sind als jüngere. Immerhin zitieren Ross et al. (2014, S. 429) Befunde, nach denen in der Erziehung der Geburtsjahrgänge 1930–1950 Höflichkeit eine deutlich größere Rolle gespielt hat als in späteren Jahrgängen, was einen eventuellen Altersunterschied eher als Kohorteneffekt ausweisen würde. Möglicherweise ist das Höflichkeitsproblem also eines, das nicht unbedingt altersspezifisch ist – das muss hier einstweilen offen bleiben. Nicht offen bleiben muss aber folgender Punkt: Menschen haben ein generelles Problem damit, sich den Druck einer Situation vorzustellen, wenn sie sich in dieser Situation nicht selbst befinden. (In der psychologischen Literatur wird dieses Unvermögen entweder als „correpondence bias" oder unter dem bekannterem Namen „fundamental attribution error" bzw. „Fundamentaler Attributionsirrtum" diskutiert, z.B. Gilbert, 1998):

Außenstehende neigen dazu, das Verhalten der anderen als Folge ihrer Personmerkmale und nicht als Folge des situationalen Drucks zu interpretieren. Von außen betrachtet erscheint es zum Beispiel relativ leicht, einem aufdringlichen Verkäufer ins Wort zu fallen, „Nein" zu sagen oder ihm die Tür zu weisen. Daher entsteht aus der Außenperspektive auch der Eindruck, wer das nicht tut, müsse das Verhalten des anderen billigen, es vielleicht gar wünschen oder sei nicht fähig, sich dem zu widersetzen. Dass diese Wahrnehmung verzerrt ist, zeigt sich darin, dass das Verhalten von Menschen in ähnlichen Situationen deutlich stärker übereinstimmt als man aus der Außenperspektive erwarten würde (z.B. Kunda, 1999). Anders gesagt: Wenn die Beobachter in dieselbe Situation kommen, werden sie sich gegenüber dem aufdringlichen Verkäufer nicht so sehr anders verhalten als die Person, der sie aus der Außenperspektive eine zu große Höflichkeit bescheinigt haben. Das Verhalten des Verkäufers provoziert die Höflichkeit praktisch in allen, nicht nur in denen, die von Natur oder Erziehung her „zu höflich" sind.

Hinzu kommt, dass man auch bei der Projektion des eigenen Verhaltens in die Zukunft im Grunde eine Außenperspektive einnimmt. Das heißt: Auch die Vorhersage des eigenen Verhaltens trifft man in der meist irrigen Annahme, dass die zukünftige Situation leicht beherrschbar sein wird. Dies ist einer der Gründe, warum es oft nicht ausreicht, eine manipulative Strategie zu durchschauen, um vor ihr sicher zu sein (z.B. Sagarin, Cialdini, Rice & Serna, 2002).[1]

Diese Ausführungen sollen zeigen, dass es allem Vermuten nach nicht eine unter älteren Menschen besonders ausgeprägte Höflichkeit (allein) ist, die eine Vulnerabilität und möglicherweise einen Schutzbedarf schafft. Es ist eher die generelle Verzerrung der menschlichen sozialen Wahrnehmung, nach der situationaler Druck aus der Außenperspektive stets als leicht beherrschbar erscheint.

Weitere Gefährdungspotentiale wurden in Bezug auf das Internet genannt (Anhang C): Spam Mails, Fake Shops oder Angebote mit Zeitdruck, die schnelle Entscheidungen erfordern. Konkrete Beispiele wie etwa das – juristisch sicherlich unproblematische – Vorgehen von Amazon Prime mit einer Preiserhöhung von beinahe 70 Prozent, kann man gleichwohl aus psychologischer Sicht unter die

---

[1]Es ist vielleicht nicht überflüssig zu betonen, dass manipulative Strategien in unterschiedlichem Grade durch Einsicht beherrschbar sind. Viele Marketing-Strategien wirken auf aufgeklärte Verbraucherinnen und Verbraucher schwächer als auf „naive". Aus diesem Grund sind zum Beispiel Kinder eine besonders vulnerablen Adressatengruppe, und aus dem gleichen Grund ist Aufklärung über manipulative Techniken sinnvoll und wirksam. Allerdings wäre es fatal zu glauben, man sei gegen jede Beeinflussungswirkung immun, sobald man die dahinterstehenden Mechanismen durchschaut hat. Es gibt durchaus auch Beeinflussungstechniken, gegen die sozusagen „kein Kraut gewachsen ist" und die man allenfalls dadurch beherrschen kann, dass man ihnen aus dem Weg geht. Hierzu zählen z.B. die Ausnutzung der Reziprozitätsnorm oder der Anker-Effekt (für einen Überblick siehe Felser, 2015a, 2015b).

manipulativen Strategien subsumieren (nämlich als Anwendung der Fuß-in-der-Tür-Technik, z.B. Felser, 2015a, S. 230f).

Echte Betrügereien im Internet ergeben zwar in der Tat einen besonderen Schutzbedarf für ältere Nutzerinnen und Nutzer. Der Bedarf sei groß. Weil die Täter nicht zu fassen sind, seien aber Gesetze nur ein „stumpfes Schwert". Eigentlich helfe nur Aufklärung und Prävention (Anhang C).

6.2 Auskünfte der Verbraucherzentralen

Im Rahmen des Gutachtens wurden Gespräche mit den Verbraucherzentralen und der Verbraucherinitiative geführt (siehe Anhänge A und D). Zusätzlich hat der Geschäftsführer der Verbraucherzentrale Sachsen-Anhalt eine informelle Befragung unter Beratungskräften durchgeführt und uns Ergebnisse zugesandt, die in Anhang E enthalten sind.

Der Beratungsbedarf, den die Verbraucherzentralen decken, kann als Indikator für Probleme und Vulnerabilitäten gedeutet werden. Dabei werden von den Verbraucherzentralen zwar Statistiken über die Anfragen bzw. Beratungsleistungen geführt. Diese lassen sich aber schon aus Gründen des Datenschutzes nicht nach Alter aufschlüsseln.

Datenerhebungen unter älteren Ratsuchenden sind sowohl über die Verbraucherzentralen als auch über die Verbraucherinitiative möglich. Entsprechende Erhebungen sind im Rahmen des Gutachtens nicht zu leisten, bestehen aber als Option.

Den Beratungsbedarf durch die Verbraucherzentralen schlüsselt der Vorstand des Verbraucherzentrale Bundesverbands, Klaus Müller, wie folgt auf (siehe Anhang A, im Folgenden eingekürzt):

- *Ernährungs- und Lebensmittelfragen. Eines der am schlechtesten nachgefragten Beratungsthemen, außer in Krisenzeiten (z.B. Pferdefleisch in Lasagne, Ehec, irgendwelche Panschereien). Beratungsnachfrage kann man primär verorten bei den Eltern junger Familien, im Altersbereich 25–35 und noch einmal im Alter 65–70.*
- *Finanzmarkt. Ein Klassiker des Verbraucherschutzes als Vertrauensgut. Schwerpunkt, vor allem wenn Menschen in der Lage sind, Geld anzulegen oder eine Immobilie zu kaufen, bei Gedanken über Altersvorsorge – also 30- bis 40-Jährige. Vereinzelt auch, wenn jemand ein Problem hat mit einer Geldanlage, der sich über Kontogebühren geärgert hat, wo sozial Schwache Probleme haben, das sogenannte P-Konto [Pfändungsschutzkonto] zu bekommen. Das ist relativ gleich verteilt über die Altersschichten.*

- *Energieberatung. Menschen, die einen Stromanbieterwechsel wollen, das sind Leute, die eine energetische Sanierung in ihren eigenen vier Wänden machen wollen, die Probleme haben, die Stromrechnung zu bezahlen. Stromanbieterwechsel und die soziale Beratung bei Finanzierungsproblemen ist mehr oder weniger gleich verteilt über alle Altersschichten. Die energetische Gebäudesanierung ist natürlich an den Hauskauf gekoppelt oder aber zum Beispiel, wenn die Kinder das Haus verlassen. Wir haben da einen Beratungsbedarf bei den 30- bis 40-Jährigen und dann nochmal beim Thema Umzug, Modernisierung, teilweise auch wenn es um Barrierefreiheit geht, sobald man das mit energetischen Fragen koppeln kann, dann findet man das auch im Altersspektrum 55–70.*
- *Das größte Beratungsgeschäft der Verbraucherzentralen betrifft Telekommunikation und Digitale Inhalte. Also zum Beispiel die Frage eines Telefonvertrages oder, wie weit sie mit Urheberrechtsproblemen umgehen. Da sehen wir tatsächlich eine jüngere Zielgruppe, was insbesondere im Kontext von Urheberrechtsproblemen nicht verwunderlich ist. Hinzu kommt: Alles rund um Telefonverträge, das finden wir über alle Alterskohorten hinweg mit einem leichten Schwerpunkt um 55 aufwärts, wo man merkt, dass Menschen bestimmte Vertragskonstellationen einfach zu kompliziert werden.*
- *Gesundheit und Pflege. Die Frage von Krankenkassen, PKV-Problematiken, Erstattungsproblematiken, IGeL-Leistungen. Diese Themen kommen ab Berufstätigkeit von 30 bis 35 Jahren aufwärts. Dazu kommen dann noch Pflegerechtsverträge. Ambulante und stationäre Betreuung. Da gibt es noch einmal einen Beratungsbedarf bei den Angehörigen und natürlich bei persönlich Betroffenen von 65 aufwärts.*

Nach Experteneinschätzung nehmen ältere Menschen generell häufiger als jüngere die Verbraucherzentralen in Anspruch, was zum einen auf ein insgesamt vorliegendes Vertrauen in die Institution und die Wertschätzung der neutralen Beratung zurückgehe. Beides sei in der älteren Generation ausgeprägter. Zum anderen gebe es auch durchaus Fälle, in denen Interesse und Bereitschaft zu einer völlig selbstständigen Auseinandersetzung mit dem Alter nachlasse und dieser Aufwand gern an Experten abgegeben werde (vgl. Anhang A).

Die Beratungsthemen finden sich ebenfalls noch einmal aufgeschlüsselt in Abbildung 6.1. Abbildung 6.2 enthält eine Übersicht über die Themen und Branchen, die sich in der Beratungspraxis als problematisch erweisen. Diese Aufstellungen sind einstweilen für Sachsen-Anhalt spezifisch. Bundesweit werden sie für 2017/18 erwartet (siehe hierzu die Ausführungen in Anhang A). Zu vermerken ist zudem, dass in die Statistiken aus Abbildung 6.1 und Abbildung 6.2 keine telefonischen Beratungen einfließen (siehe Anhang D).

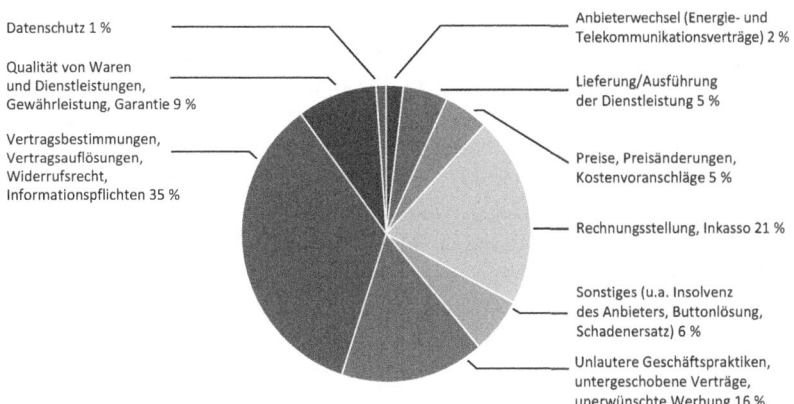

Abbildung 6.1 Inhalt der Verbraucherberatungen nach Begriffskatalog der Europäischen Union (Quelle: Verbraucherzentrale Sachsen-Anhalt e.V., 2015, S. 2).

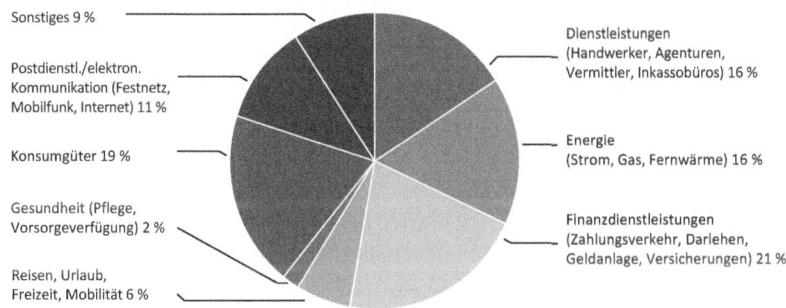

Abbildung 6.2 Verbraucheranfragen und Beschwerden: Problematische Branchen nach Begriffskatalog der Europäischen Union (Quelle: Verbraucherzentrale Sachsen-Anhalt e.V., 2015, S. 7).

Mit diesen Statistiken wird eine einheitliche Erfassung angestrebt, die aber noch teilweise erprobt wird und die auch bestimmte Schulungen der Beratungskräfte voraussetzt. Die Einheitlichkeit wird unter anderen durch die Anlehnung an EU-weit gebräuchliche Kategorisierungen angestrebt.

Weitere Problematiken finden sich etwa in einer Veröffentlichung der Verbraucherzentrale Nordrhein-Westfalen e.V. (2005). Diese Arbeit enthält Ergebnisse einer Interviewstudie bzw. von Gruppendiskussionen, in denen Problemfelder angesprochen werden. In Bezug auf Werbung und Konsum finden sich etwa folgende Beispiele: Die Werbeflut insgesamt sei zu groß, insbesondere „würden der Adressenhandel und dessen Funktionsweise von vielen älteren Menschen, auch hier insbesondere von den Hochaltrigen, oft nicht durchschaut. Daher würden ältere Menschen öfters auf Werbung ‚hereinfallen‘, in der sie mit Namen persönlich angesprochen werden" (S. 43). Adressenhandel und Werbeanrufe seien ein großes Ärgernis, bei Anrufen etwa würden besonders Zeiten genutzt, in denen die älteren Personen auch zu Hause seien. Möglichkeiten zum Schutz, etwa die Möglichkeit zum Eintrag in die Robinson-Liste zur Verhinderung ungewünschter Werbung, seien oft nicht bekannt.

6.3   Kriminalstatistiken

Die im Rahmen des Gutachtens unternommenen Recherchen zu genaueren Delikten und Kriminalstatistiken gestalteten sich besonders schwierig. Zwar wurden wir auf die bundesweite Polizeiliche Kriminalstatistik (PKS) verweisen, erhielten aber gleichzeitig von der Pressestelle des BKA (mail vom 23.11.2016) die folgende Auskunft:

„Eine Opfererfassung in der PKS erfolgt grundsätzlich nur bei strafbaren Handlungen gegen höchstpersönliche Rechtsgüter (Leben, körperliche Unversehrtheit, Freiheit, Ehre, sexuelle Selbstbestimmung), soweit diese im Straftatenkatalog zur Opfererfassung gekennzeichnet sind ("O"). Als Opfer werden nur die Personen erfasst, gegen die sich diese versuchte bzw. vollendete Tathandlung gerichtet hat."

Weiterführende Forschungsaktivitäten sind möglich, erfordern aber formelle Anfragen (siehe hierzu die Auskunft aus dem LKA in Nordrhein-Westfahlen, mail vom 18.5.2016): „Wir selber dürfen lt. Erlass des Ministeriums keine wissenschaftliche Arbeiten unterstützen, es sei denn diese Anfrage wird an das Ministerium für Inneres und Kommunales in Nordrhein-Westfalen gestellt und diese weisen uns die Aufgabenunterstützung zu.")

Die vermutlich differenzierteste Dokumentation zu kriminalstatistischen Auswertung zur Vulnerabilität älterer Menschen stammt von Görgen et al. (2014). In ihrem Bericht aus dem „Projekt zur Förderung sicherheitsbezogenen Handelns im Alter und zur Prävention betrügerischer Vermögensdelikte an älteren Menschen" kommen die Autoren zu dem Schluss, dass ältere Menschen ein höheres Gefährdungspotential besitzen, Opfer von Straftaten zu werden – und zwar vor allem Bereich von Betrugsdelikten und Trickdiebstählen, nicht so sehr bei Gewaltverbrechen. Täter würden von vornherein davon ausgehen, in älteren Menschen besonders einfache Opfer zu haben, die relativ wenig zu ihrem eigenen Schutz tun und die (z.b. aus Scham) auch verhältnismäßig wenig zur Strafverfolgung unternehmen (S. 65). „Dies bringt es u. a. mit sich, dass bestimmte Formen von Vermögensdelikten an Älteren heute quasi geschäftsmäßig und in hochgradig organisierter Form geplant und ausgeführt werden (… das Landeskriminalamt Baden-Württemberg, 2010, stuft Enkeltricktaten mittlerweile als Form ‚Organisierter Wirtschaftskriminalität' ein…)." (Görgen et al., 2014, S. 66).

Auch Görgen et al. (2014, S. 66) resümieren, dass empirische Daten zu den hier interessierenden Delikten fehlen. Das betrifft zum einen die Prävalenz der Deliktformen, die Görgen et al. (2014, S. 66) wie folgt systematisieren:

- unseriöse, aggressive Verkaufspraktiken (Kaffeefahrten, Haustürgeschäfte, unseriöser Vertrieb von Gesundheitsprodukten und Gesundheitsdienstleistungen etc.),
- finanzielle Ausbeutung bzw. Vermögensschädigung durch Angehörige,
- Vermögensdelikte durch professionell mit alten Menschen in Verbindung stehende Personen (Pflegekräfte, rechtliche Betreuer, Ärzte etc.),
- Missbrauch von Vollmachten oder zu Fällen und Formen des Anlagebetrugs im Alter.

Auch über das jeweilige Vorgehen der Täter sei verhältnismäßig wenig bekannt – mit Ausnahme der besonders stark standardisierten Strategien wie etwa dem „Enkeltrick" und dem „Stadtwerketrick". Schließlich fehlten Untersuchungen zu den Auswirkungen dieser Delikte bei den Opfern. Die polizeilichen Kriminalstatistiken können hier bislang ebenfalls wenig beitragen, da sie sich auf Gewaltdelikte konzentrieren. International habe sich immerhin ein Forschungsfeld unter der Bezeichnung „financial elder abuse" oder auch „exploitation" etabliert, aus deren Ergebnissen einige Folgerungen gezogen werden können. Görgen et al. (2014) machen hierbei darauf aufmerksam, dass die Bezeichnungen „abuse" und „exploitation" – vielleicht zu Unrecht – den Blick von „herkömmlichen" Verbrechen durch Fremde hin zu Delikten lenken, die aus bestimmten Täter-Opfer-Beziehungen heraus begangen werden, bei denen die Täter jeweils einen besonderen Zugang zum Opfer bzw. zu dessen Besitz haben.

Görgen, Mild und Fritsch (2010, zit. n. Görgen et al., 2015) können aus einem Vorgangsverwaltungssystem des Landes Bremen Daten zur Prävalenz von Trickdiebstählen analysieren und vorlegen (siehe Abbildung 6.3). Danach steigt die Opferbelastung im höheren Lebensalter extrem an. Besonders stark ist der Anstieg im vierten Lebensalter oberhalb der 80 Jahre. Dabei werden ältere Frauen nahezu doppelt so häufig Opfer wie Männer. Dieses Verhältnis geht nur mittelbar

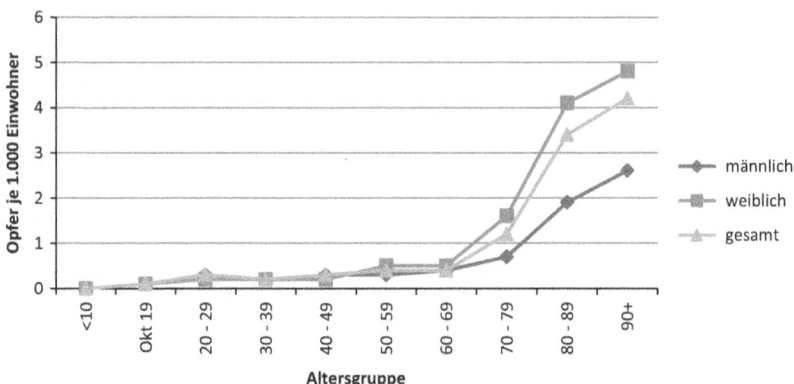

Abbildung 6.3 Opfer von Trickdiebstählen p. a. pro 1.000 Einwohner der jeweiligen Alters- und Geschlechtergruppe (Quelle: Görgen et al., 2014, S. 68, Abb. 5; Datenquelle: Bremen, 01/2004 – 05/2006; Daten aus polizeilich-operativem System).

auf die höhere Lebenserwartung von Frauen zurück (die Zahlen in Abbildung 6.3 sind keine Absolutzahlen, sind also schon an der Größe der jeweiligen Bevölkerungsgruppe relativiert). Das Verhältnis spiegelt eher das Problem, dass ältere Frauen häufiger als ältere Männer allein leben. Dies ist zwar seinerseits wieder eine Folge der höheren Lebenswartung, gleichwohl zeigt sich hier erneut der bereits mehrfach betonte Risikofakter der Isolation und geringen sozialen Vernetztheit.

Ein ähnliches – über die polizeiliche Kriminalstatistik (PKS) hinausgehendes – Erfassungssystem wurde von Libionka (2011, zit. n. Görgen et al., 2014, S. 69) für Unterfranken ausgewertet. Auf 100.000 Einwohner entfielen im Jahr 2010 1.767,6 Opfer von Diebstahlsdelikten. Dieser Wert liegt in der Altersgruppe über 60 Jahre bei 2.952,4. Bei Betrugsdelikten liegt das Verhältnis ähnlich: 2667,8 Opfer pro 100.000 Einwohner in der Gruppe 60+, in der Bevölkerung insgesamt 1.448,3.

Es scheint offensichtlich, dass ältere Menschen in bestimmten Deliktbereichen erheblich häufiger Opfer von Straftaten werden. Die Spezifität ist zu beachten, denn insgesamt liegt die Opferbelastung durch Kriminalität im jüngeren Erwachsenenalter am höchsten. Insofern stellt sich die Frage, von welchen Delikten und welchen Täterstrategien genau ältere Menschen besonders betroffen sind. Görgen et al. (2014, S. 72ff) beschreiben hierzu unterschiedliche Muster, so etwa auch Missbrauch von Vollmachten, finanzielle Ausbeutung im Kontext rechtlicher Betreuung oder illegale Vermögenstransfers.

Unter der vorliegenden Fragestellung „Konsum im Alter" bewegen sich die relevanten Delikte oft nicht in dem strafrechtlich unzweifelhaften Bereich, zu dem etwa Raub und Einbruch oder die oben aufgeführten Beispiele gehören. Viele Delikte bewegen sich einer „'Grauzone' zwischen bloßer psychologischer Beeinflussung von Kunden und manifest deliktischem Handeln" (Görgen et al., 2014, S. 76). Hierunter gehörten auch die häufig zitierten „Kaffeefahrten", bei denen es aber durchaus in den letzten Jahren gehäuft zu Strafverfahren und Verurteilungen gekommen sei. Forschungsarbeiten zur Prävalenz solcher betrügerischer Geschäftspraktiken zitieren Görgen et al. (2014) aus dem amerikanischen Sprachraum: Im Altersbereich 60+ berichten Befragte mit einer Häufigkeit von 60 Prozent von einschlägigen Erfahrungen mit solchen Praktiken. Einen finanziellen Schaden geben 14 Prozent der Befragten an. „Am häufigsten waren Versuche, den Befragten Zeitschriftenabonnements unterzuschieben, unseriöse ‚Gewinnmitteilungen' und Versuche, für dubiose gemeinnützige und wohltätige Organisationen Spenden einzutreiben. Etwa jeder sechste Befragte berichtete für das letzte Jahr von mindestens einem Versuch, ihm private Finanzdaten zu entlocken." (Görgen et al., 2014, S. 77).

Die Wahrscheinlichkeit, Opfer zu werden, war um so höher, je älter die Befragten waren. Auch unter ethnischen Minderheiten war das Opferrisiko erhöht. Als Verhaltensmerkmal fällt auf, dass die Nutzung von Einkaufsmöglichkeiten jenseits des stationären Handels (also z.b. über Internet und Telefon) mit erhöhtem Opferrisiko einhergeht. Auch Temperamentsmerkmale wie etwa geringe Selbstkontrolle bilden einen Risikofaktor (Görgen et al., 2014, S. 77).

Täuschungen über Telefon und Telemarketing („telemarketing fraud") kommen häufig vor: „Es geht hier vor allem um über das Telefon initiierte Delikte, bei denen die Tat in die Legende eines scheinbaren Geschäfts oder jedenfalls einer plausibel erscheinenden finanziellen Transaktion gekleidet wird. Dazu gehören z.B. finanzielle Vorleistungen für angeblich später zu erwartende Gewinne oder Dienstleistungen (‚advance fee schemes') und Pyramiden- oder Kettensysteme, bei denen den Geschädigten ein Gewinn versprochen wird, wenn sie – nach einer von ihnen geleisteten Zahlung – neue Mitglieder für die Pyramide oder Kette werben." (Görgen et al., 2014, S. 77)

„Cold Calls" bzw. die in Anhang B als Beispiel angeführte „Kaltakquise", gehören ebenfalls zu dem Bereich des „telemarketing fraud". Hierbei wird die Überraschung des Adressaten ausgenutzt und oft zudem Zeitdruck aufgebaut. Auch hier erweist sich soziale Isolation der Opfer als ein Risikofaktor.

Zusammenfassend können als Risikofaktoren betrachtet werden (nach Hafemeister, 2003, zit. n. Görgen et al., 2014, S. 79f):

- weibliches Geschlecht, hohes Alter (> 75 Jahre)
- alleinlebend,
- geringe Vertrautheit mit Finanzangelegenheiten,
- soziale Isolation sowie
- körperliche und geistige Einschränkungen, insbesondere soweit es sich um Beeinträchtigungen handelt, die das Verstehen finanzieller Angelegenheiten erschweren bzw. dazu führen, dass die Person von der Hilfe Dritter abhängig ist.

6.4   Zusammenfassung

Altersbedingte Veränderungen in wichtigen psychologischen Merkmalen schaffen in vielen Bereichen relativ „gute" Voraussetzungen, um verstärkt manipulative Strategien und unseriöse Geschäftspraktiken anzuwenden. Zu den nachgewiesenen Besonderheiten älter Konsumentinnen und Konsumenten gehören etwa: leichtere Beeinflußbarkeit von Erinnerungen, höhere Ablenkbarkeit, geringe Bereitschaft zum Mißtrauen, verstärkter Einsatz von Entscheidungsstrategien auf der Basis von Faustregeln und Intuition und - im höheren Alter - dementielle Veränderungen.

Dass diese Merkmale auch in der Tat konsumrelevante Folgen haben, etwa indem sie zu unvorteilhaften Entscheidungen disponieren, ist in Experimenten bereits nachgewiesen worden. Aus diesem Grund lässt sich eine spezifische Vulnerabilität älterer Konsumentinnen und Konsumenten theoretisch gut begründen und mit Forschungsdaten belegen.

Neben den genannten eher kognitiven Faktoren lassen sich weitere Vulnerabilitäten benennen: So ist etwa das Alleinleben und geringe soziale Vernetzung als Risikofaktor nach verschiedenen Kriterien belegt. Gute Vorbildung kann dagegen als protektiver Faktor betrachtet werden.

Hinweise auf weitere Vulnerabilitäten in der älteren Bevölkerungsgruppe ließen sich möglicherweise aus den Erfahrungen der Verbraucherzentralen gewinnen. Genaue Statistiken über Beratungsbedarf und Beschwerden gibt es jedoch von Seiten der Verbraucherzentralen noch nicht, jedenfalls noch nicht bundesweit. Erfassungssysteme sind im Aufbau, dabei wird allerdings das Alter der Anfragenden nicht mit erfasst.

Beratungsschwerpunkte der Verbraucherzentralen bilden (nach Expertenauskunft):

* Ernährung und Lebensmittel
* Finanzmarkt
* Energie
* Telekommunikation und Digitale Inhalte
* Gesundheit und Pflege

In keinem dieser Bereiche seien ältere Menschen von vornherein überrepräsentiert. Allerdings ergeben sich in jedem Bereich Schwerpunkte für Ältere, so z.b. beim Thema Pflege oder beim Thema Energie, wenn es um die Sanierung einer eigenen Immobilie geht. Zudem sei grundsätzlich das Vertrauen und die Bereitschaft zur Nutzung der Verbraucherzentralen unter älteren Menschen tendenziell größer als unter jüngeren.

Auch wenn ältere Verbraucherinnen und Verbraucher gegenüber unseriösen Geschäftspraktiken und Betrugsdelikten im Vergleich zu jüngeren deutlich vulnerabler erscheinen, lässt sich eine altersspezifische Häufung dieser Delikte nicht eindeutig nachweisen. Gesichert scheint hier nur, dass Betrugsdelikte im Konsumbereich im Alter eine besonders häufig anzutreffende Deliktform sind. Dies zeigt aber keinen altersbedingten Anstieg an. Der Befund geht vielmehr darauf zurück, dass in fast allen anderen Deliktbereichen die Wahrscheinlichkeit, Opfer zu werden, mit dem Alter abnimmt.

Eine Zunahme von Betrugsdelikten im Konsumbereich betrifft, wenn überhaupt, nur bestimmte Deliktformen. Kriminalstatistiken machen eine schwerpunktmäßige Bedrohung älterer Menschen durch Trickdiebstähle und unseriöse, aggressive Verkaufspraktiken (Kaffeefahrten, Haustürgeschäfte, unseriöser Vertrieb von Gesundheitsprodukten und Gesundheitsdienstleistungen etc.) aus. Genaue Daten zu der Prävalenz unterschiedlicher Deliktformen fehlen allerdings. Ebenso ist die Wirkung auf die Opfer noch wenig untersucht. Es zeigt sich allerdings, dass insbesondere Frauen und Alleinlebende Opfer von unseriösen Praktiken werden. Auch nimmt die Delikthäufigkeit insbesondere neben dem stationären Handel zu.

Desiderate und Forschungslücken: Im Lichte der vorgetragenen Argumente überwiegt deutlich der Eindruck eines besonderen Schutzbedarfs älterer Konsumentinnen und Konsumenten.

Die vorgefundenen Statistiken sind vielfach lückenhaft. Dies betrifft sowohl die Kriminalstatistiken als auch die Beschwerde- und Beratungsstatistiken der

Verbraucherzentralen. Beide Punkte lassen aber tiefere Recherchen zu. Von Verbraucherzentralen und Verbraucherinitiative wurden im Rahmen des Gutachtens auch konkrete Angebote für empirische Erhebungen gemacht – sei es unter den Beraterinnen und Beratern, sei es aber auch unter den betroffenen Konsumentinnen und Konsumenten.

Neben den noch fehlenden Kriminalstatistiken wären auch Forschungen zur Opferseite wichtig. Zum einen ist unklar, ob nicht Hemmungen und Scham dazu führen, dass bestimmte Delikte gar nicht erst zur Anzeige kommen – woraufhin ja auch eine Kriminalstatistik nur ein verzerrtes Bild liefern kann. Zum anderen sind die Folgen für die Opfer noch wenig erforscht.

Ebenso sind die Vorgehensweisen von Tätern nur ausschnitthaft bekannt. Allerdings ist dieses Thema auch weit über die juristisch und kriminalistisch relevanten Fälle von Interesse:

Es besteht ein umfangreicher Wissensschatz zu den Mechanismen der sozialen Beeinflussung, der weder in Marketing noch im Verbraucherschutz annähernd ausgeschöpft wird. Vielfach sind zwar konkrete Beispiele für „erfolgreiche" Verkäufertricks oder Marketingstrategien bekannt, die genauen psychologischen Prozesse hinter den Strategien werden aber mißverstanden oder nicht durchschaut, so dass die Übertragung dieser Beispiele auf neue Fälle mißlingt. Diese falschen Ableitungen betreffen oft genug auch die Frage, ob und wie man sich als Adressat gegen manipulative Strategien wehren kann. Hier wäre eine Systematisierung dieses Wissens mit Blick auf den Verbraucherschutz und unter Berücksichtigung besonders gefährdeter Gruppen zu wünschen. Über die Systematisierung hinaus sind selbstverständlich auch weitere konkrete Forschungen sinnvoll.

Anhang

Die Anhänge sind kostenfrei als OnlinePlus-Material auf der Produktseite des Buches auf www.springer.com verfügbar.

Anhang A: Gesprächsprotokoll vom 2.11.2016: Klaus Müller, Vorstand des Verbraucherzentrale Bundesverband

Anhang B: Gesprächsprotokoll vom 4.11.2016: Ursula Lenz, Pressereferentin der BAGSO

Anhang C: Gesprächsprotokoll vom 15.11.2016: Guido Steinke, Fachreferent 60+ der Verbraucherinitiative

Anhang D: Gesprächsprotokoll vom 7.10.2016: Volkmar Hahn, Geschäftsführer der Verbraucherzentrale Sachsen-Anhalt

Anhang E: Zusammenfassung der Ergebnisse einer informellen Befragung von BeraterInnen der Verbraucherzentrale Sachsen-Anhalt (Karolin Hohmeyer)

Anhang F: Zusammenfassung digital-kompass.de (Isabell Koch)

© Springer Fachmedien Wiesbaden GmbH 2018
G. Felser, *Konsum im Alter,*
https://doi.org/10.1007/978-3-658-20243-9

Literatur

Arnold, M., Lohmann, M. & Winkler, K. (2013). Reiseanalyse sinus 2012: Urlaubsverhalten und soziale Milieus. Kiel und Heidelberg: Forschungsgemeinschaft Urlaub und Reisen e.V. und Sinus Markt- und Sozialforschung GmbH.

Baltes, P. B. & Baltes, M. M. (Eds.). (1990). *Successful aging: Perspectives from the behavioral sciences.* New York: Cambridge University Press.

Baltes, P. B. & Smith, J. (2003). New frontiers in the future of aging: From successful aging of the young old to the dilemmas of the fourth age. *Gerontology, 49,* 123–135.

Bargh, J. A., Chen, M. & Burrows, L. (1996). Automaticity of social behavior: Direct effects of trait construct and stereotype activation on action. *Journal of Personality and Social Psychology, 71,* 230–244.

Bieri, R., Florack, A. & Scarabis, M. (2006). Werbung und die Zielgruppe älterer Menschen. *Zeitschrift für Medienpsychologie, 18,* 19–30.

Bischof, N. (2001). Das Rätsel Ödipus. Die biologischen Wurzeln des Urkonflikts von Intimität und Autonomie. München: Piper.

Bless, H., Wänke, M. & Wortberg, S. (2003). Der Einfluss von Karrierefrauen auf das Frauenstereotyp: Die Auswirkungen von Inklusion und Exklusion. *Zeitschrift für Sozialpsychologie, 34,* 187–196.

Borges, B., Goldstein, D. G., Ortmann, A. & Gigerenzer, G. (1999). Can ignorance beat the stock market? In G. Gigerenzer, P. M. Todd and the ABC Research Group (Eds.), *Simple Heuristics that make us smart* (pp. 59–72). New York: Oxford University Press.

Borkenau, P. & Ostendorf, F. (1993). NEO-Fünf-Faktoren Inventar (NEO-FFI) nach Costa & McCrae. Göttingen: Hogrefe.

Brandtstädter, J. (2007). *Das flexible Selbst. Selbstentwicklung zwischen Zielbindung und Ablösung.* Heidelberg: Spektrum Akademischer Verlag.

Brandtstädter, J. & Greve, W. (1992). Das Selbst im Alter: adaptive und protektive Mechanismen. *Zeitschrift für Entwicklungspsychologie und Pädagogische Psychologie, 24,* 269–297.

Brandtstädter, J. & Greve, W. (1994). The aging self: Stabilizing and protective processes. *Developmental Review, 14,* 52–80.

Brandtstädter, J. & Renner, G. (1990). Tenacious goal pursuit and flexible goal adjustment: Explication and age-related analysis of assimilative and accommodative strategies of coping. *Psychology and Aging, 5,* 58–67.

© Springer Fachmedien Wiesbaden GmbH 2018
G. Felser, *Konsum im Alter,*
https://doi.org/10.1007/978-3-658-20243-9

Brewer, M. B., Dull, V. & Lui, L. (1981). Perceptions of the elderly: Stereotypes as proto-types. *Journal of Personality and Social Psychology, 41*, 656–670.

Bruine de Bruin, W., Parker, A. M. & Fischhoff, B. (2012). Explaining adult age differences in decision-making competence. *Journal of Behavioral Decision Making, 25*, 352–360

Carpenter, S. M. & Yoon, C. (2015). Aging and consumer decision making. In T. M. Hess, J. Strough & C. E. Löckenhoff (Eds.), *Aging and decision making: Empirical and applied perspectives* (pp. 351–370). Amsterdam: Elsevier.

Carstensen, L. L. (1993). Motivation for social contact across the life-span: A theory of socioemotional selectivity. *Nebraska Symposium on Motivation, 40*, 205–254.

Carstensen, L. L. & Mikels, J. A. (2005). At the intersection of emotion and cognition: Aging and the positivity effect. *Current Directions in Psychological Science, 14*, 117–121.

Carstensen, L. L., Mikels, J. A. & Mather, M. (2006). Aging and the intersection of cognition, motivation and emotion. In J. Birren & K. W. Schaie (Eds.), *Handbook of the Psychology of Aging (6th ed.)* (pp. 343–362). San Diego, CA: Academic Press.

Castel, A. D. (2005). Memory for grocery prices in younger and older adults: The role of schematic support. *Psychology and Aging, 20*, 718–721.

Castle, E., Eisenberger, N. I., Seeman, T. E., Moons, W. G., Boggero, I. A., Grinblatt, M. S. & Taylor, S. E. (2012). Neural and behavioral bases of age differences in perceptions of trust. *Proceedings of the National Academy of Sciences, 109*(51), 20848–20852.

Cattell, R. B. (1963). Theory of fluid and crystallized intelligence: A critical experiment. *Journal of Educational Psychology, 54*, 1–22.

Charness, N., Champion, M. & Yordon, R. (2010). Designing products for older consumers: A human factors perspective. In A. Drolet, N. Schwarz & C. Yoon (Eds.), *The aging consumer: Perspectives from psychology and economics* (pp. 249–268). New York, NY: Routledge Academic.

Choi, N. G. & DiNitto, D. M. (2013). Internet use among older adults: Association with health needs, psychological capital, and social capital. *Journal of Medical Internet Research, 15*(5), e97, Published online 2013 May 2016.

Croy, I., Nordin, S., & Hummel, T. (2014). Olfactory disorders and quality of life—An updated review. *Chemical Senses, 29*, 185–194.

Curasi, C. F., Price, L. L. & Arnould, E. J. (2010). The aging consumer and intergenerational transmission of cherished possessions. In A. Drolet, N. Schwarz & C. Yoon (Eds.), *The aging consumer: Perspectives from psychology and economics* (pp. 149–172). New York, NY: Routledge Academic.

Diekman, A. B. & Hirnisey, L. (2007). The effect of context on the silver ceiling: A role congruity perspective on prejudiced responses. *Personality and Social Psychology Bulletin, 33*, 1353–1366.

Drolet, A., Lau-Gesk, L., Williams, P. & Jeong, H. G. (2010). Socioemotional selectivity theory: Implications for consumer research. In A. Drolet, N. Schwarz & C. Yoon (Eds.), *The aging consumer: Perspectives from psychology and economics* (pp. 51–72). New York, NY: Routledge Academic.

Doyen, S., Klein, O., Pichon, C.-L. & Cleeremans, A. (2012). Behavioral Priming: It's All in the Mind, but Whose Mind? *PLoS ONE, 7*(1), e29081.

Drolet, A., Schwarz, N. & Yoon, C. (Eds.). (2010). *The aging consumer: Perspectives from psychology and economics.* New York, NY: Routledge Academic.

Dunn, E. W., Gilbert, D. T. & Wilson, T. D. (2011). If money doesn't make you happy, then you probably aren't spending it right. *Journal of Consumer Psychology, 21,* 115–125.

Eagly, A. H. & Chaiken, S. (1993). *The psychology of attitudes.* Fort Worth, TX: Harcourt Brace Jovanovich.

Ehlers, A. & Naegele, G. (2017). Soziale Ungleichheit und digitale Inklusion – ein relevantes Thema auch im Alter. In Generali Deutschland AG (Hrsg.), *Generali Altersstudie 2017. Wie ältere Menschen in Deutschland denken und leben* (pp. 119–122). Berlin: Springer.

Ernest Dichter SA (2000). Senioren 2000. Eine neue Generation auf dem Weg zur Selbstverwirklichung. Zürich: Ernest Dichter SA, Institut für Motiv- und Marketingforschung.

Felser, G. (2006). Konsumverhalten im höheren Lebensalter: Defizite, Flexibilität und Zufriedenheit. *Wirtschaftspsychologie aktuell, 4,* 45–47.

Felser, G. (2015a). Werbe- und Konsumentenpsychologie, 4. erweiterte und vollständig überarbeitete Auflage. Heidelberg: Springer.

Felser, G. (2015b). Verbraucher als Mischwesen zwischen Automatismen und Kontrolle. Das Menschenbild der Psychologie. In F. Klinck & K. Riesenhuber (Hrsg.), *Verbraucherleitbilder. Interdisziplinäre und Europäische Perspektiven* (S. 15–31). Berlin: de Gruyter.

Fiedler, K. (2000). On mere considering: The subjective experience of truth. In H. Bless & J. P. Forgas (Eds.), *The message within: The role of subjective experience in social cognition and behavior* (pp. 13–36). Philadelphia, PA: Psychology Press.

Flaig, B. B. & Barth, B. (2014). Die Sinus-Milieus® 3.0 – Hintergründe und Fakten zum aktuellen Sinus-Milieu-Modell. In M. Halfmann (Hrsg.), *Zielgruppen im Konsumentenmarketing* (pp. 105–120). Wiesbaden: Springer Fachmedien.

Flores, C. C., Hargis, M. B., McGillivray, S., Friedman, M. C. & Castela, A. D. (2017). Gist-based memory for prices and "better buys" in younger and older adults. *Memory, 25,* 565–573.

Fooken, I. & Lind, I. (1997). *Scheidung nach langjähriger Ehe im mittleren und höheren Erwachsenenalter.* Stuttgart: Kohlhammer.

Förster, J. & Strack, F. (1996). Subjective theories about encoding may influence recognition. Judgmental regulation in human memory. *Social Cognition, 16,* 78–92.

Frings, C., Holling, H. & Serwe, S. (2003). Anwendung der Recognition Heuristic auf den Aktienmarkt – Ignorance cannot beat beat the Nemax50. *Wirtschaftspsychologie, 4,* 31–38.

Fung, H. H. & Carstensen, L. L. (2003). Sending memorable messages to the old: Age differences in preferences and memory for advertisements. *Journal of Personality & Social Psychology, 85,* 163–178.

Gatto, S. L. & Tak, S. H. (2008). Computer, Internet, and e-mail use among older adults: Benefits and barriers. *Educational Gerontology, 34,* 800–811.

Generali Deutschland AG (Hrsg.). (2017a). Generali Altersstudie 2017. Wie ältere Menschen in Deutschland denken und leben. Berlin: Springer.

Generali Deutschland AG (2017b). Das Lebensgefühl der älteren Generation. In Generali Deutschland AG (Hrsg.), *Generali Altersstudie 2017. Wie ältere Menschen in Deutschland denken und leben* (pp. 9–39). Berlin: Springer.

Generali Deutschland AG (2017c). Die materiellen Lebensverhältnisse der älteren Generation. In Generali Deutschland AG (Hrsg.), *Generali Altersstudie 2017. Wie ältere Menschen in Deutschland denken und leben* (pp. 41–87). Berlin: Springer.

Generali Deutschland AG (2017d). Alltag und digitale Medien. In Generali Deutschland AG (Hrsg.), *Generali Altersstudie 2017. Wie ältere Menschen in Deutschland denken und leben* (S. 89–122). Berlin: Springer.

Generali Deutschland AG (2017e). Die Bedeutung von sozialen Kontakten, Partnerschaft und Familie. In Generali Deutschland AG (Hrsg.), *Generali Altersstudie 2017. Wie ältere Menschen in Deutschland denken und leben* (pp. 123–148). Berlin: Springer.

Gilbert, D. T. (1998). Speeding with Ned: A personal view of the correspondence bias. In J. M. Darley & J. Cooper (Eds.), *Attribution and social interaction. The legacy of Edward E. Jones* (pp. 5–36). Washington, DC: American Psychological Association.

Gilbert, D. T., Krull, D. S. & Malone, P. S. (1990). Unbelieving the unbelievable: Some problems in the rejection of false Information. *Journal of Personality and Social Psychology, 59*, 601–613.

Görgen, T., Wagner, D., Nowak, S., Kraus, B., Nägele, B., Kotlenga, S., Lüttschwager, N., Binninger, M & Fisch, S. (2014). Sicherheitspotenziale im höheren Lebensalter. Ein Projekt zur Förderung sicherheitsbezogenen Handelns im Alter und zur Prävention betrügerischer Vermögensdelikte an älteren Menschen. Bericht an das Bundesministerium für Familie, Senioren, Frauen und Jugend. Münster: Deutsche Hochschule der Polizei & Zoom Gesellschaft für prospektive Entwicklungen e.V.

Greenberg, J., Solomon, S. & Pyszczynski, T. (2015). *Der Wurm in unserem Herzen. Wie das Wissen um die Sterblichkeit unser Leben beeinflusst.* München: DVA.

Grüne, H. & Volk, J. (2008). Carpe Vitam – Die Psychologie der Best-Ager (mit Unterstützung des rheingold 'Best-Ager'-Forscherteams). Köln: rheingold, Institut für qualitative Markt und Medienanalysen.

Gutchess, A. H. (2010). Cognitive psycholgy and neuroscience of aging. In A. Drolet, N. Schwarz & C. Yoon (Eds.), *The aging consumer: Perspectives from psychology and economics* (pp. 3–23). New York, NY: Routledge Academic.

Halfmann, M. & Lehr, U. (2014). Die Alten kommen – Ansatzpunkte eines demographiegerechten Marketings. In M. Halfmann (Hrsg.), *Zielgruppen im Konsumentenmarketing* (S. 31–43). Wiesbaden: Springer Fachmedien.

Hasher, L. & Zacks, R. T. (1988). Working memory, comprehension, and aging: A review and a new view. In G. H. Bower (Ed.), The psychology of learning and motivation: Advances in research and theory (Vol. 22, pp. 193–225). San Diego, CA: Academic Press.

Hawkins, S. A. & Hoch, S. J. (1992). Low-involvement learning: Memory without evaluation. *Journal of Consumer Research, 19*, 212–225.

Healey, M. K., Hasher, L. & Campbell, K. L. (2013). The role of suppression in resolving interference: Evidence for an age-related deficit. *Psychology and Aging, 28*, 721–728.

Hess, T. M., Strough, J. & Löckenhoff, C. E. (Eds.). (2015). *Aging and decision making: Empirical and applied perspectives.* Amsterdam: Elsevier.

Hofstätter, P. R. (1986). *Bedingungen der Zufriedenheit.* Zürich: Interform.

Hovland, C. I. & Weiss, W. (1951). The influence of source credibility on communication effectiveness. *Public Opinion Quaterly, 15*, 635–650.

Hurd, M. D. & Rohwedder, S. (2010). Spending patterns in the older population. In A. Drolet, N. Schwarz & C. Yoon (Eds.), *The aging consumer: Perspectives from psychology and economics* (pp. 25–49). New York, NY: Routledge Academic.

Hüttenbrink, K.-B., Hummel, T., Berg, D., Gasser, T. & Hähner, A. (2013). Riechstörungen: Häufig im Alter und wichtiges Frühsymptom neurodegenerativer Erkrankungen. *Deutsches Ärzteblatt, 110*(1–2), 1–8.

Initiative D21 e.V. & TNS Infratest (2015). *D21-Digital-Index 2015. Die Gesellschaft in der digitalen Transformation.* Konz: Schmekies, Medien & Druck; online unter http://www.initiatived21.de/wp-content/uploads/2015/11/D21_Digital-Index2015_WEB2.pdf.

Isaacowitz, D. M., Wadlinger, H. A., Goren, D. & Wilson, H. R. (2006). Selective preference in visual fixation away from negative images in old age? An eye-tracking study. *Psychology and Aging, 21*, 40–48.

Iyengar, S. S. & Lepper, M. R. (2000). When choice is demotivating: Can one desire too much of a good thing? *Journal of Personality and Social Psychology, 79*, 995–1006.

Jacoby, L. L., Bishara, A. J., Hessels, S. & Toth, J. P. (2005). Aging, subjective experience, and cognitive control: Dramatic false remembering by older adults. *Journal of Experimental Psychology: General, 134*, 131–148.

Kalicki, B. (1996). Lebensverläufe und Selbstbilder. Die Normalbiographie als psychologisches Regulativ. Opladen: Leske +Budrich.

Kamin, S. T. & Lang, F. R. (2016). Cognitive functions buffer age differences in technology ownership. *Gerontology, 62*, 238–246.

Kamin, S. T., Lang, F. R. & Kamber, T. (2016). Social contexts of technology use in old age. In S. Kwon (Ed.), *Gerontechnology: Research, practice, and principles in the field of technology and aging* (pp. 35–56). New York: Springer.

Kirchmair, R. (2016). Zehn Jahre Seniorenmarkt: Was hat sich verändert? *marktmacher-50plus, 11*(6–7).

Kline, T. J. B. & Kline, D. W. (1991). The association between education, experience, and performance on two knowledge of aging and elderly questionnaires. *Educational Gerontology, 17*, 355–361.

Kölzer, B. (1995). *Senioren als Zielgruppe.* Wiesbaden: Deutscher Universitäts Verlag.

Kornadt, A. E. & Rothermund, K. (2015). Views on aging: Domain-specific approaches and implications for developmental regulation. *Annual Review of Gerontology and Geriatrics, 35*, 121–144.

Koutstaal, W. (2006). Flexible remembering. *Psychonomic Bulletin & Review, 13*, 84–91.

LaBar, K. S., Cook, C. A., Torpey, D. C. & Welsh-Bohmer, K. A. (2004). Impact of healthy aging on awareness and fear conditioning. *Behavioral Neuroscience, 118*, 905–915.

Lambert-Pandraud, R, Laurent, G. & Lapersonne, E. (2005). Repeat purchasing of new automobiles by older consumers: Empirical evidence and interpretations. *Journal of Marketing, 69*, 97–103.

Law, S., Hawkins, S. A. & Craik, F. I. M. (1998). Repetition-induced belief in the elderly: Rehabilitating age-related memory deficits. *Journal of Consumer Research, 25*, 91–107.

Levy, B. R. (2009). Stereotype embodiment: A psychosocial approach to aging. *Current Directions in Psychological Science, 18*, 332–336.

Levy, B. R., Hausdorff, J. M., Hencke, R. & Wei, J. Y. (2000). Reducing cardiovascular stress with positive self-stereotypes of aging. *Journal of Gerontology: Psychological Sciences, 55B*(4), P205–P213.

Levy, B. R., Slade, M. D., Kunkel, S. R. & Kasl, S. V. (2002). Longevity increased by positive self-perceptions of aging. *Journal of Personality and Social Psychology, 83*, 261–270.

Lind, I. (2001). *Späte Scheidungen: Eine bindungstheoretische Analyse*. Münster: Waxmann.

Lohmann, M. & Aderhold, P. (2009). Reiseanalyse trendstudie: Urlaubsreisetrends 2020. Kiel: Forschungsgemeinschaft Urlaub und Reisen e.V.

Mayer, K. U. & Baltes, P. B. (Hrsg.). (1996). *Die Berliner Altersstudie*. Berlin: Akademie Verlag.

Moody, H. & Sood, S. (2010). Age branding. In A. Drolet, N. Schwarz & C. Yoon (Eds.), *The aging consumer: Perspectives from psychology and economics* (pp. 229–247). New York, NY: Routledge Academic.

Ng, T. W. H. & Feldman, D. C. (2009). Age, work experience, and the psychological contract. *Journal of Organizational Behavior, 30*, 1053–1075.

Niesel, M. (2002). Über den Nutzen psychographischer Zielgruppenmodelle. In A. Schimansky & A. Mattenklott (Hrsg.), *Werbung: Konzepte und Strategien für die Zukunft* (S. 332–357). München: Vahlen.

Peters, E. (2010). Aging-related changes in decision making. In A. Drolet, N. Schwarz & C. Yoon (Eds.), *The aging consumer: Perspectives from psychology and economics* (pp. 75–101). New York, NY: Routledge Academic.

Petty, R. E. & Cacioppo, J. T. (1986). *Communication and persuasion. Central and peripheral routes to attitude change*. New York: Springer.

Pompe, H.-G. (2012). Boom-Branchen 50plus. Wie Unternehmen den Best-Ager-Markt für sich nutzen können. Wiesbaden: Gabler.

Ramponi, C., Richardson-Klavehn, A. & Gardiner, J. M. (2004). Level of processing and age affect involuntary conceptual priming of weak but not strong associates. *Experimental Psychology, 51*, 159–164.

Reder, L. M. (1982). Plausibility judgment versus fact retrieval: Alternative strategies for sentence verifcation. *Psychological Review, 89*, 250–280.

Roedder John, D. & Cole, C. A. (1986). Age differences in information processing: Understanding deficits in young and elderly consumers. *Journal of Consumer Research, 13*, 297–315.

Ross, M., Grossmann, I. & Schryer, E. (2014). Contrary to psychological and popular opinion, there is no compelling evidence that older adults are disproportionately victimized by consumer fraud. *Perspectives on Psychological Science, 9*, 427–442.

Rothermund, K. (2005). Effects of age stereotypes on self-views and adaptation. In W. Greve, K. Rothermund & D. Wentura (Eds.), *The adaptive self: Personal continuity and intentional self-development* (pp. 223–242). Göttingen: Hogrefe.

Rothermund, K. (2014). Die Gestaltung des Alters. Ein Plädoyer für mehr Psychologie. *Psychologische Rundschau, 65*, 95–99.

Ryff, C. D. & Essex, M. (1993). The interpretation of life experience and well-being: The sample case of relocation. *Psychology and Aging, 7*, 507–517.

Sachverständigenkommission des Sechsten Altenberichts (2010). *Sechster Altenbericht "Altersbilder in der Gesellschaft"*. Berlin: Bundestagsdrucksache 17/3815. URL http://www.bmfsfj.de/RedaktionBMFSFJ/Abteilung3/Pdf-Anlagen/bt-drucksache-sechster-alt enbericht,property=pdf,bereich=bmfsfj,sprache=de,rwb=true.pdf

Sagarin, B. J., Cialdini, R. B., Rice, W. E. & Serna, S. B. (2002). Dispelling the illusion of invulnerability: The motivations and mechanisms of resistance to persuasion. *Journal of Personality and Social Psychology, 83*, 526–541.

Salthouse, T. (2012). Consequences of age-related cognitive declines. *Annual Review of Psychology, 63*, 201–226.

Schacter, D. L., Koutstaal, W., Johnson, M. K., Gross, M. & Angell, K. A. (1997). False recollection induced via photographs: A comparison of older and younger adults. *Psychology and Aging, 12*, 203–215.

Scheibehenne, B., Greifeneder, R. & Todd, P. M. (2009). What moderates the Too-Much-Choice Effect? *Psychology & Marketing, 26*, 229–253.

Scheibehenne, B., Greifeneder, R. & Todd, P. M. (2010). Can there ever be too many options? A meta-analytic review of choice overload. *Journal of Consumer Research, 37*, 409–425.

Schindler, R. M. (1994). How to advertise price. In E. M. Clark, T. C. Brock & D. C. Stewart (Eds.), *Attention, attitude, and affect in response to advertising* (pp. 251–269). Hillsdale, NJ: Lawrence Erlbaum Associates, Inc.

Schopenhauer, A. (1851). Aphorismen zur Lebensweisheit. In A. Schopenhauer (Hrsg.), *Parerga und Paralipomena* (S. 299–465). Berlin: A.W. Hayn.

Schmidt, F. L. & Hunter, J. E. (2004). General mental ability in the world of work: occupational attainment and job performance. *Journal of Personality and Social Psychology, 86*(1), 162–173.

Schmitz, U. (1998). Entwicklungserleben älterer Menschen: Eine Interviewstudie zur Wahrnehmung und Bewältigung von Entwicklungsproblemen im höheren Alter. Regensburg: Roderer.

Schwartz, B., Ward, A., Monterosso, J., Lyubomirsky, S., White, K. & Lehman, D. R. (2002). Maximizing versus satisficing: Happiness is a matter of choice. *Journal of Personality and Social Psychology, 83*, 1178–1197.

Schwarz, N. (2004). Metacognitive experiences in consumer judgment and decision making. *Journal of Consumer Psychology, 14*, 332–348.

Schwarz, N. & Bless, H. (1992). Constructing reality and its alternatives: An inclusion / exclusion model of assimilation and contrast effects in social judgment. In L. L. Martin & A. Tesser (Eds.), *The construction of social judgments* (pp. 217–245). Hillsdale, N.J.: Erlbaum.

Sinus (2015). *Informationen zu den Sinus.Milieus® 2015/16*. Heidelberg: SINUS Markt- und Sozialforschung GmbH.

Skurnik, I., Yoon, C., Park, D. C. & Schwarz, N. (2005). How warnings about false claims can become recommendations. *Journal of Consumer Research, 31*, 713–724.

Slamecka, N. J. & Graf, P. (1978). The generation effect: Delineation of a phenomenon. *Journal of Experimental Psychology: Human Learning and Memory, 5*, 607–617.

Soman, D., Ainslie, G., Frederick, S., Li, X., Lynch, J., Moreau, P., . . . Zauberman, G. (2005). The psychology of intertemporal discounting: Why are distant events valued differently from proximal ones? *Marketing Letters, 16*, 347–360.

Staudinger, U. M. (2000). Viele Gründe sprechen dagegen, und trotzdem geht es vielen Menschen gut: Das Paradox des subjektiven Wohlbefindens. *Psychologische Rundschau, 41*, 185–197.

Stern, E. & Neubauer, A. (2016). Intelligenz: kein Mythos, sondern Realität. *Psychologische Rundschau, 67*(1), 15–27.

Strenze, T. (2007). Intelligence and socioeconomic success: A metaanalytic review of longitudinal research. *Intelligence, 35*, 401–426.

Strenze, T. (2015). Intelligence and success. In S. Goldstein, D. Princiotta & J. A. Naglieri (Eds.), *Handbook of Intelligence: Evolutionary Theory, Historical Perspective, and Current Concepts* (pp. 405–413). New York: Springer Science+Business Media.

Taconnat, L. & Isingrini, M. (2004). Cognitive operations in the generation effect on a recall test: Role of aging and divided attention. *Journal of Experimental Psychology : Learning, Memory and Cognition, 30*, 827–837.

Thomas, M. & Morwitz, V. (2005). Penny wise and pound foolish: The left digit effect in price cognition. *Journal of Consumer Research, 32*, 54–64.

TNS Infratest (heute Kantar TNS) (2005). *Semiometrie. Best Ager Typologie 2005. Status Quo und aktuelle Trends*. www.tns-Infratest.com/WissensForum/Studien/pdf/Semiometrie_BestAger2005.pdf: TNS Infratest. Semiometrie.

TNS Infratest (heute Kantar TNS) (2009). Semiometrie. Best Ager Typologie 2009. Status Quo und aktuelle Trends. Bielefeld: Kantar TNS. Semiometrie.

Tversky, A. & Kahneman, D. (1991). Loss aversion in riskless choice: A reference-dependent model. *Quarterly Journal of Economics, 106*, 1039–1061.

Uncles, M. D. & Ehrenberg, A. S. C. (1990). Brand choice among older consumers. *Journal of Advertising Research, 30*, 19–22.

Verbraucherzentrale Nordrhein-Westfalen e.V. (2005). *Zielgruppenorientierte Verbraucherarbeit für und mit Senioren. Ergebnisse und Handlungsempfehlungen*. Düsseldorf: Verbraucherzentrale Nordrhein-Westfalen e.V.

Verbraucherzentrale Sachsen-Anhalt e.V. (2015). Jahresbericht 2015. Halle, Saale: Verbraucherzentrale Sachsen-Anhalt e.V. (Url: http://www.vzsa.de/sites/default/files/migration_files/media241671A.pdf)

Wagner, G. G., Frick, J. R. & Schupp, J. (2007). *The German Socio-Economic Panel Study (SOEP) – Scope, Evolution and Enhancements*. Berlin: DIW Berlin.

Wentura, D. & Frings, C. (2013). *Kognitive Psychologie*. Wiesbaden: Springer VS.

Williams, P. & Drolet, A. (2005). Age-related differences in responses to emotional advertisements. *Journal of Consumer Research, 32*, 343–354.

Williger, B. & Lang, F. R. (2013). Die Hörgeräteversorgung aus der Perspektive der Alternsforschung. *Hörakustik, 2*, 40–41.

Wilson, T. D. & Schooler, J. W. (1991). Thinking too much: Introspection can reduce the quality of preferences and decisions. *Journal of Personality and Social Psychology, 60*, 181–192.

Wilson, T. D., Lisle, D. J., Schooler, J. W., Hodges, S. D., Klaaren, K. J. & LaFleur, S. J. (1993). Introspecting about reasons can reduce post-choice satisfaction. *Personality and Social Psychology Bulletin, 19*, 331–339.

Wirtschaftsprüfungs- und Beratungsgesellschaft PricewaterhouseCoopers (PwC) & Universität St. Gallen (2006). „Generation 55+" – Chancen für Handel und Konsumgüterindustrie. Frankfurt am Main: PricewaterhouseCoopers AG Wirtschaftsprüfungsgesellschaft. www.htp-sg.ch/data/publications/1285601513_Generation%2055Plus%20(01-06).pdf

Wood, S. L., Shinogle, J. A. & McInnes, M. M. (2010). New choices, new information: Do choice abundance and information complexity hurt aging consumers' medical decision making? In A. Drolet, N. Schwarz & C. Yoon (Eds.), *The aging consumer: Perspectives from psychology and economics* (pp. 131–147). New York, NY: Routledge Academic.

Wurm, S., Tomasik, M. J. & Tesch-Römer, C. (2010). On the importance of a positive view on ageing for physical exercise among middle-aged and older adults: cross-sectional and longitudinal findings. *Psychology & Health, 25*, 25–42.

Zacks, R. T., Hasher, L. & Li, K. Z. H. (2010). Human memory. In T. A. Salthouse & F. I. M. Craik (Eds.), *Handbook of Aging and Cognition, 2nd Edition* (pp. 293–357). Mahwah, NJ: Lawrence Erlbaum.

The manufacturer's authorised representative in the EU is Springer
Nature Customer Service Centre GmbH, Europaplatz 3, 69115 Heidelberg,
Germany. If you have any concerns regarding our products, please
contact ProductSafety@springernature.com

Printed and bound by CPI Group (UK) Ltd, Croydon, CR0 4YY
27/04/2026
02097655-0008